JN241012

数理工学の世界

The World of Applied Mathematics & Physics

【編】
中村佳正
＋
京都大学工学部情報学科
数理工学コース編集委員会

日本評論社

まえがき

1959年 (昭和34年) 4月に京都大学工学部数理工学科が創設されて60年が経過しました．人間でいえば還暦 (満60歳) にあたります．当時のことを書いた記録[1] には，「工学部に数学や物理学などの刺激を入れてより新しい工学へ脱皮を計るべきではないか」との発想で創設したとあります．土機電化 (土木・機械・電気・化学) を代表とする他の工学とは大きく異なっていた創設の目的ですが，その後「システム工学などの横断的発想法や手法が提唱され」，「どこより早く京都大学の工学部に新しい学問体系の胎動が芽ばえたことは誠に誇らしい」ともあります．基礎科学である数学と物理学に軸足を置いた横断的発想・手法で研究を進めることがその他の工学にない数理工学の特徴といえます．

また，創設30周年の際の記録[2] には，「日本には改良とか改善の技術はあるが，独創的な技術は少ないと言われている」が「数学的基礎がしっかりしていて，かつ具体的事象に理解力があれば，きっと立派な独創的研究成果をあげられると信じている」と数理工学への期待が述べられています．数学がイノベーションの起爆剤となるという認識がありました．

このように数理工学は

数理工学 = 数学 × 工学

(モノを扱う工学に対する数学の深い理解に基づく横断的アプローチ)

としてスタートし，数学的基礎を重視しつつ具体的対象を熟視してきたといえます．

本書は，創設以来60年が経過した「数理工学の世界」の多様な研究分野の現状を解説したものです．編集にあたり，現代の数理工学を

数理工学 = 数学 × 情報学

(コトを扱う情報学に対する数学の深い理解に基づく横断的アプローチ)

---

1) 京都大学工学部数理工学教室『数理工学教室の20年の歩み』，1980 (昭和55年)
2) 京都大学工学部数理工学教室『数理工学教室創設30周年記念誌』，1989 (平成元年)

とみなすこととしました．情報を対象とするため統計科学やコンピュータ・ネットワークが重要なツールとなります．

まず，数理工学についてなじみのない読者のために，序章として，数理工学にかかわりの深い研究者による座談会「数理工学の世界」を掲載しました．続いて，数学，物理学，計算科学，最適化，情報システムの制御，人工知能の統計科学，経営工学における多様な数理工学の話題について適任者に解説を依頼しました．とりわけ，各章の前半では数理工学の基礎となる数学的な考え方・概念について高校数学のレベルから説きおこし大学初年次までの数学 (微分積分学，線形代数学，統計学) を使った概論授業の講義ノートのつもりで執筆いただきました．興味のある章，読みやすそうな章であれば，高校生から大学初年次の学生も読みこなすことができる本にしたいという編集委員会の意図はどの程度実現されているでしょうか．

なお，先行して刊行された類書に『数理工学のすすめ』[3]，『数理工学への誘い』[4]，『数理工学最新ツアーガイド』[5] があります．これらは同一大学に所属する教員による数理工学紹介です．一方，本書は，数理工学の多様性をありのままに反映して，座談会参加者 8 名のうち 3 名，執筆陣 8 名のうち半数の 4 名 (うち 1 名は企業経験者) が別の大学に所属する教員となっています．

また，類書によっては数理工学を「数学を道具に用いて現実の諸問題に取り組む学問」と定義していますが，本書では，深いところで数学と向き合うことで，結果として数学自身の発展を促すような研究も数理工学には必要という京都大学の数理工学の伝統をふまえています．

数理工学では，現実の諸問題を数学で解くことだけでなく，問題を切り出すところ，すなわち，具体的対象を数学の言葉で数学の問題として記述しなおす数理モデリングを重視してきました．近年，人工知能に代表される大量のデータから有益な情報を読み取る手法が大発展を遂げています．数学を多

---

3) 京都大学工学部情報学科数理工学コース編『数理工学のすすめ』現代数学社，1999 (平成 11 年)

4) 東京大学工学部計数工学科数理情報工学コース編『数理工学への誘い』日本評論社，2002 (平成 14 年)

5) 杉原正顯，杉原厚吉編著『数理工学 最新ツアーガイド』日本評論社，2008 (平成 20 年)

用しますが，特に数理モデルを前提としなくても「答らしきもの」がでることには注意を要します．対象の本質をとらえた抽象化には困難を伴うことは我々も良く知るところです．未来の数理工学は数理モデリングにおける新しい考え方を必要としています．

本書が，若い才能が「数理工学の世界」に興味をもち，未来の数理工学を切り開いていくきっかけとなることを願っています．

なお，本書の編集にあたって総ページ数の制約のもとで読者層への配慮に快く応じていただいた執筆陣に感謝します．また，編集委員の太田快人先生，青柳富誌生先生，山下信雄先生，および日本評論社の飯野玲氏，大賀雅美氏には企画段階から校正・出版に至るまで大変お世話になりました．厚くお礼申し上げます．

2019 年 (令和元年) 8 月
『数理工学の世界』編集委員会
代表　中村佳正

| 目 | 次 |

まえがき…………… i

序 章
座談会・数理工学の世界 …………… 1

合原一幸＋太田快人＋小野廣隆＋小林 亮＋寺前順之介
＋青柳富誌生＋中村佳正＋山下信雄

第 1 章
力学系理論の基礎 …………… 23

千葉逸人

第 2 章
現象数理 …………… 48

薩摩順吉

第 3 章
沢山からできている世界 …………… 74

原田健自

第4章

数理最適化入門の入門 ·············99

山下信雄

第5章

制 御 ·············118

畑中健志

第6章

AI・データサイエンス ·············146

下平英寿

第7章

ベイジアン・ネットワークとその応用 ·············172

竹安数博

執筆者紹介 ·············188

序 章

座談会：数理工学の世界

〈参加者〉
合原一幸
太田快人
小野廣隆
小林 亮
寺前順之介

〈ファシリテータ〉
青柳富誌生
〈本書編集代表〉
中村佳正
〈記事執筆者代表〉
山下信雄

数理工学を学んだきっかけ

青柳 (ファシリテータ) ●本日はお集まりいただき，ありがとうございます．この座談会では，数理工学とはどのようなものか，あるいは将来にわたってどういう役割を果たせるのかなど，自由に議論していただければと思います．

　まずは簡単に，ご自身の数理工学との関わりも絡めた自己紹介をお願いいたします．

合原 ●僕は家業を継いで 3 代目になる予定だったので，大学 (学部) は関連のある電気工学科に進みました．大学院については，当時，電気・電子工学科は推薦制度があって何人かは無入試で入れたので，無試験で行けるのなら，あと 5 年ぐらい好きな勉強をしてもいいかなと思って大学院に行きました．そこが完全に僕の人生の分岐点になりました．

　電気・電子工学は，数理工学と関係があります．たとえば発振器を理論的に調べると，ホップ分岐が出てくるので，昔から力学系理論を使った研究も行われています．ホップ分岐は後の僕の専門である脳科学でも使われますので，電気工学でそういう分岐現象を学んだことがのちのち役に立ちました．

また，子どものころから昆虫学者になることが夢でしたので，どうせ大学院に行くのなら，生物に近いことをやりたいという思いもありました．そこで生体工学の研究室に入ったのですが，そこの先生がすごく良い先生で，要するに何も指導しない．机を用意してくれて，研究費が要るのなら出してくれる．自由に研究しなさい，と．たぶんこれはいちばんいい指導方法だと思っていて，今，僕自身もそうしています．

大学院では他専攻や他の研究科の面白そうな講義ばかり聴きました．そこで出会ったのが松本元先生[1]です．僕にはメンターが2人いて，お一人が松本先生，もう一人が甘利(俊一)先生[2]です．松本先生からはヤリイカの神経を使う実験を教えてもらいました．神経の実験は難しいのではないかと思ったのですが，松本先生に神経を切り出して電極を刺してもらったら，変な電気回路があるようなイメージで，普通に実験できる．ホジキン-ハックスレイ方程式[3]も，まさに電気回路モデルに基づいています．それで，自然にヤリイカの神経に関するホジキン-ハックスレイ方程式の研究をやって，理論と実験で神経のカオスを見つけた，というのが僕の学位論文です．

大学院生の頃から数理と深く関係してきます．当時，甘利先生が雑誌『数理科学』(サイエンス社) に「脳の数理モデル」に関する連載をされていました．大学院に入ってからそれをむさぼるように読んでいたのですが，修士2年のときに『神経回路網の数理』(産業図書) という本になって出版されました．僕にとってはバイブルのようなもので，数理と無縁のおふくろですら本の名前を覚えているぐらい，夢中でその本を読みました．これが本格的な数理工学との出会いです．甘利先生を通じて数理工学に入っていったという感じですね．

そして，どうしても甘利先生のところで勉強したかったので，ドクターをとった後に学振のポスドクで甘利先生の研究室に行きました．当時は「奨励研究員」という名前で1年間だけの任期でしたが，ものすごくいい経験になりました．そこからずっと数理工学の研究をやっている，そんな感じです．

---

1) 1940–2003．専門は脳科学．

2) 1936–．主な専門は数理工学 (特に，数理脳科学，情報幾何学).

3) ホジキンとハックスレイがヤリイカの神経実験から作った数理モデル (1963年ノーベル生理学・医学賞).

青柳●甘利先生と松本先生という錚々たるメンバーが初期の段階で登場しているのはすごいですね.

小林●僕は誠に申し訳ないことに，これまで数理工学というキーワードをあまり意識してこなかったので，今回呼ばれたのは，人選ミスではないかと思うのですが….

　では，何者かと言われたら，応用数学者ということになると思います．もともと京都大学理学部数学科にいたのですが，当時の京都大学は遊んでいても単位が取れる大学だったので，あまり勉強せずにきて，当然のごとく理学部数学科の大学院を落ちました．明くる年に受け直そうと思ったのですが，当時，理学部，特に数学科なんていうのは，コネがあればともかく，そうでなければ学校の先生になるか公務員になるかぐらいしか進路がなかった．一方，京大工学部とか大学院とかいえば，引く手あまたで，どこでも就職できたので，いつでも就職できるようにということで，これまでやっていたことと変わらないことができそうな数理工学専攻に入ったというのが，私の数理工学との出会いです.

　大学院では工業数学第2講座の布川(昊)先生4)の研究室に入りましたが，就職したあとでまた理学部数学のほうへ戻ったので，自分では応用数学者というイメージでやってきました.

　研究してきた内容は，自然界における自発的な構造形成です．初めは生きていないものの構造形成，たとえば結晶成長に興味があって，その数理モデルをずっとやっていました．そうこうしているうちに，形と機能が絡む生きているもののほうが面白いのではないか，と思い始めました．北海道大にいた頃，粘菌博士の中垣(俊之)さん5)と出会って意気投合し，粘菌研究にはまっていったのです．それで無生物から生物のほうへ軸足をだんだん移していって，最近は動物の運動とその制御などを工学の人たちと一緒にやっています.

青柳●数理工学はあまり意識していないとおっしゃいましたが，ご自身が関わってきた分野を見ると，わりと数理工学と言えるのではないでしょうか?

小林●強いて言えば数理科学という意識のほうが近いのかもしれません.

---

4) 1933–. 専門は制御工学，数学教育.
5) 1963–. 専門は原生生物学.

小野●僕は学部から京都大学工学部数理工学科の出身で 1993 年に入学しましたので，そこから数理工学との関わりが始まりました．当時，工学部は 17 学科があり，そのうちの 1 つが数理工学です．今は情報学科の数理工学コースになっていると思うのですが，当時は情報工学科と数理工学科がありました．初めは，工学部か理学部かというので悩みました．小林先生も就職の話をされましたが，同じようなことをいろいろなところで聞いたこともあって，やはり工学部のほうがいいのではないかと…．

小林●当時，理学部と工学部の就職率は雲泥の差でしたからね．

小野●だけど，工学部は泥臭いイメージもありました．そのなかで理学部っぽそうなイメージがあった数理工学を選びました．ちょっと不純なのですが，情報工学はミーハーな感じがして (笑)，行きたくなかったのです．博士課程まで茨木俊秀先生[6]の研究室にいて，その後，九州大学のシステム情報科学研究院に行き，2010 年に経済学部に移りました．一昨年，名古屋大学に異動したのですが，所属は情報学研究科・数理情報学専攻で，結果的にミーハーと言った情報のほうに…(笑)．

青柳●最先端ですからね．

合原●ミーハーと言っても，まだ「数理」情報だからね．

小野●はい，研究は離散最適化をやっています．

太田●私は大阪大学の電気系出身で，最初は数理とは関係なかったのですが，卒論のときにシステム系の研究室に入って線形システムの研究を行いました．その後，当時は博士を取る前に就職できたので助手になったのですが，そのあと博士を取ってポスドクで MIT(マサチューセッツ工科大学) の情報・意思決定システム研究所 (LIDS) というところに行きました．当時，ロバスト制御がはやっていまして，H^∞ 制御[7]に関する研究をアメリカで始めました．そこから制御理論との関わりが始まったと思います．

　アメリカから帰ってきたあと木村秀紀先生[8]に誘われて，阪大の機械系に勤めました．機械の先生は制御に期待してくださって，私もプロモーション

---

6) 1940–. 専門は最適化アルゴリズムなど.

7) 工学的には，伝達関数の最大ゲインに相当するハーディ空間のノルムを規準にする制御理論．ロバスト性と制御性能のバランスをとった制御系設計を行うことができる.

8) 1941–. 専門は制御理論，システム科学など.

していただきました．木村先生の指導もあり，鉄鋼業の応用や自動車の応用，ロボットや電力関係の共同研究などいろいろやっていました．

　しかし，機械系の学生は具体的なものが好きなんですね．数式が出てくると，どうしても拒否感がある．もちろん，優秀な学生はたくさんいるのですが，どうも数式を出すと一歩引いてしまう．そういうときに京大からお話があったので，2006年に京大の数理に移りました．ですから電気系，機械系，数理と移って，いまここで仕事をしているということになります．

青柳●正統派の，数理「工学」という印象ですね．

太田●正統派かどうかは分かりませんが，工学から出発しているのは確かです．

寺前●僕は京大の理学部物理の出身です．最初はザ・物理みたいな，素粒子とか宇宙論を考えて大学に入ったのですが，たぶん僕らのちょっと前ぐらいから，カオスやフラクタルといった「非線形ワード」が学部生にも聞こえてくるような時代になりました．普通の物理とは違う，新しいサイエンスがあるのではないかと感じました．大学院に行くころになると，ちょうど教授でカッコよさげな人がいた．蔵本 (由紀) さん[9]です．面白そうだし新しそうだからと蔵本研に行ってみると，それこそまったく指導されない研究室で，完全に放置でした．

小林●京大はたいていそうだよね．僕も指導してもらった記憶はないし．

合原●それがいいんです．

寺前●すごく面白かった．アカデミックで自由な雰囲気でした．そこで，非線形の集団現象，確率現象が面白くなりました．今思えば，物理だけれど，ちょっと数理工学に近いようなことをそのころからやり始めていたのだと思います．

　そこからポスドクに行くときに，先ほど小林先生も似たようなことをおっしゃっていましたが，もうちょっと機能的なことをやりたいと思いました．非線形現象があって機能的なものだと，脳か生物かな，と．どうしようかなと思っていたら，ちょうど当時，理化学研究所におられた深井 (朋樹) 先生[10]という脳の研究をされている先生が声をかけてくださって，やってみよ

---

9) 1940–．専門は非線形科学，非平衡統計力学．

10) 1958–．専門は理論神経科学．

うと理研に行きました.

　そのころ僕は脳の研究はまったくしていなかったので，先ほど合原先生の話の中で出てきたホジキン-ハックスレイ方程式を見たときは驚きました．物理の式からするとすごく複雑で，「なんじゃこれは，ちょっとできないだろう」と思ったのですが，頑張って式を見てみると実はきれいで，すごく面白い．たぶんそれがこの道に入ったきっかけなのではないかと思います．そうこうしているうちにニューラルネットワークの研究を始めました．するとだいぶ工学っぽくなってくる．物理からだんだん数理工学っぽくなってきて，ここに来ているというのが現状だと思います．

数理工学とは何か？

青柳●それでは，ここからは「数理工学とは何か」ということについて，自由に議論していただきたいと思います．言葉としては，数理科学や数理工学などがありますが，それは何を意味するのか．あるいは今までの役割や今後の役割はどうなのか．ざっくばらんなご意見をお願いいたします．

　そもそも数理工学という学科は，どこの大学にでもあるというわけでもないですね．

合原●数理工学がある大学はそんなに多くないですね．東大と京大にはありますが…．ただ，東大も数理工学という名前はいまやコース名からは消えている．数理情報工学になっているからね．以前は，計数工学科の下に計測工学と数理工学というコースがあったのですが，システム情報工学，数理情報

合原一幸（あいはら・かずゆき）
1954年，北九州市生まれ．1982年東京大学大学院工学系研究科電子工学専攻修了，工学博士．東京大学大学院工学系研究科教授等を経て，現在・東京大学生産技術研究所教授．専門は，数理工学，脳科学，非線形科学．
主な著書に『暮らしを変える驚きの数理工学』，『人工知能はこうして創られる』（いずれも編著，ウェッジ），『理工学系からの脳科学入門』（神崎亮平との編著，東京大学出版会）など多数．
https://www.sat.t.u-tokyo.ac.jp/

数理工学とは何か？ 7

太田快人 (おおた・よしと)
1957 年，龍野市 (現・たつの市) 生まれ．1983 年大阪
大学大学院工学研究科電子工学専攻後期課程中退，工学博
士，大阪大学を経て，現在・京都大学情報学研究科教授．
専門は，制御工学．
主な著書に『システム制御のための数学 (1)』(コロナ社)
など．
https://www.bode.amp.i.kyoto-u.ac.jp/member/
yoshito_ohta/

工学となって，情報という名前がついてしまった．

青柳●僕が京大の学生のときは，数理工学的な学科として東大計数と京大の
数理工学と 2 つあって…，というような話をよく聞いていたのですが，じつ
は恥ずかしながら，京大の中の数理工学と数理解析研究所の区別があまりつ
いていませんでした．数理工学というと漠然と数学の研究をやっている学科
かな，というイメージが強かったのです．ところが実際に所属してみると，
応用につながりがある．

小林●だけど僕らの学生時代は，研究室ごとに全然違っていて，本当に純
粋な偏微分方程式の研究室もありましたし，オペレーションズ・リサーチ
(OR) とか制御とかもあった．

数理工学は素直に読んだら "mathematical engineering" になるのでしょ
うが，当時の僕の印象では，「数」は数学の数，「理」は物理の理，そして
「工学」もあって「何をやってもええんや，ここでは」という，そんなイメー
ジでした．横のつながりも，当時は特になかったように思います．だから，
純粋数学もあったし応用数学もあったし，もっと応用系もあった．でも，同
居しているだけという感じだったかな．

青柳●実態は横のつながりがなかったかもしれませんが，一緒の組織にいる
ことが重要だったのでしょうか．

小林●それもあると思う．少なくとも僕にとっては，それは重要なことでし
たね．

合原●東大と京大はちょっと違うかもしれません．東大は歴史的な経緯が

あって，第二次世界大戦のあとに GHQ によって航空学科が廃止されました．航空学科で数学を駆使して飛行機とか研究していた先生方が数理工学の母体となっています．だから最初は，これからは飛行機にこだわらずに最先端の数学を使って工学の問題を解決しましょうと，そこから始まっているようです．

　ところが，「工学のいろいろな複雑なシステムを数学を使って研究しよう」となると，次には「そもそも対象を工学に限らなくてもいいではないか」というふうになる．だいたい学問というのはそのように発展していきますよね．そこで，そこに生物が入ってきたり脳が入ってきたりする．だから今では，もちろん工学を対象にする人もいるけれども，そこに全然こだわっていなくて，数学を使って世の中のいろいろな現象を，脳や社会も含めて研究する．そういう学問なので，普通の人が工学という言葉から受けるイメージとは全然違う，数理的方法論としての工学になっています．

青柳●京大の数理工学ができた理由はどうだったのでしょうか．

小野● 60 年ぐらい前，ウィーナー[11]がサイバネティクス (cybernetics)[12]を提唱したりしていた頃，そのような学科をつくるんだという流れだったと，布川先生が言っておられた記憶があります．実際，制御の部門があるのはその影響だと思います．その 10 年ぐらいあとに (10 年ですかね，ちょっと分かりませんが) 情報工学科のほうにごそっと抜けた．だから，サイバネティクスの制御情報の分野から情報成分が抜けたのが数理なのだと，当時，僕は思っていました．

中村 (本書編集代表) ●また，京大の場合は，工学部の発展充実のためには数学と力学の教育を受け持つ共通講座が必要である，という考えで，サイバネティクス起源の講座と合わせて数理工学科がつくられたという経緯があるようです．東大と違うのはコースではなく制御系講座，OR 系講座，数学系講座，物理学系講座からなる 1 つの数理工学科として発足したことです．

小野●数理工学という名前に関してですが，先ほど小林さんがおっしゃった，数学の「数」と物理の「理」というのは我々も言っていました．みん

---

11) Norbert Wiener, 1894–1964. アメリカの数学者．

12) ウィーナーが提唱した学問分野．生物と人工物を「システム」として統一的にとらえ，その通信・制御・情報処理について研究する．

小野廣隆 (おの・ひろたか)
1973 年,京都府生まれ.2002 年京都大学大学院情報学研究科数理工学専攻修了,博士 (情報学),九州大学大学院システム情報科学研究院,同大学大学院経済学研究院を経て,現在・名古屋大学大学院情報学研究科教授.専門は,組合せ最適化.
http://www.tcs.mi.i.nagoya-u.ac.jp/~ono/

なそういうイメージでした.実際,京大数理工学科の英語名が "applied mathematics and physics" なので,そうだなと.

小林●学生のころからの積年の疑問を聞いていいですか."applied mathematics and physics" の "applied" はどこまでかかっているのですか? 分配則みたいに,"applied mathematics and applied physics" なのか,"applied mathematics" と "physics" で切れるのか.

中村●分配則で,"applied physics" だと思います.ここでいう "physics" は統計力学なども含めた力学が中心で,物理学全般ではないと思います.そこは突き詰めたことがなくて,違う考えの人がいるかもしれないですが….

小林●納得しました.

太田●私は「数理工学概論」という 1 年生の科目を持ったことがありますが,そのときに言ったのは,「これは私個人の意見だけれども,数理工学というのは数学と物理ではありません」ということです.別の工学的な視点があって,そこに数学と物理の考え方を持ち込むのです.ただ持ち込んで応用しているだけではない.そこにきちんとした体系をつくってものを組み立てる.そういう説明をしています.

　理論を組み立てるのはもちろん大事なのですが,それを何のためにやっているかという観点がある.学生にそういうふうに言うと,それに賛成してくれる人もあるし,反発する人もいます.

青柳●いま言われたことは大事だと思います.理学と工学とが分かれていると,お互いのことが案外分からないのですよね.理学の人は,「面白ければ

いい，役に立つなんて考えるのは…」と思っていたりする．一方，工学の人には「面白ければいいというものでもないだろう，そんなものにお金を投じてどうするんだ」という観点もあると思います．

　それが一緒にいて話をすると，そういう価値観もあるなとか，逆に言えばそうだなとか，いろいろなことが分かる．数理工学というコースがあることで，たとえば学生同士，他の研究室とも議論することがある．自分は好きなことしかやらないという人がいてもいいけれども，そういう観点もあることが分かるということは結構大事なのかなと，学生を見ていて思います．人によっては，お互いに行き来することもありますし．

小林●それはそうです．自分自身，理学っぽいほうへ行きましたが，若いときに工学の仲間と授業を一緒に受けたりワーワーしゃべったりしていました．それはあとになってみたらすごく良かった．

寺前●僕が数理工学コースに赴任して思った印象もそうです．入る前は，まさに "mathematical engineering" かなと思って入ってきたのですが，入って周りの先生や学生を見ていると，どうもそうではない．むしろ，理学的なものを工学的に使ったり，工学的なものを理学的に使ったり，そういうインタラクション (相互作用) が大切にされているような印象があります．

どこまでが数理工学か？

小林●厳密に分けるつもりはないのですが，数理工学の「工学」という言葉を見ると，どこかに役に立つものをつくりたいとか，役に立つことを成したいという「下心」があるように感じるのですが…．

合原●それは工学に対する誤解です．ジャーナリストでそういう誤解をする人がいっぱいいる．理学が基礎理論で，それを応用するのが工学だと．だけど，数理工学が典型例ですが，それは違うんですよ．

小林●自分が数理工学という言葉をキーワードにしてこなかったのは，理学的なアプローチでやっていて，「応用数学者です」と言っていたから．強いて数理をつけるなら数理科学かなという感じでした．

　たとえば，自分のつくった粘菌の方程式は，制御という観点はなしに，反位相の振動パターンを出すために，メカニカルから振動子にフィードバックする項を入れたのです．制御の「せ」の字も考えていなかったのだけれど，

小林 亮(こばやし・りょう)
1956 年,大阪市生まれ.1982 年京都大学大学院工学研究科数理工学専攻中退,博士 (数理科学),北海道大学等を経て,現在・広島大学大学院統合生命科学研究科教授.
専門は,応用数学.
著書に『ベクトル解析入門』(共著,東京大学出版会) がある.

それで振動パターンが再現でき,よしよしと思っていた.それを,いま一緒に研究している石黒 (章夫) さん[13])が再発見した.実はその人は自律分散制御における感覚フィードバックの設計則を探し求めていて,ちょうどそこにあったというのです.

　作者は制御のことなど何も考えていないで数理科学のつもりでやっていたものが,下心を持った目で見た瞬間,その方程式が数理工学になった.

合原●そこは我々とはちょっと違いますね.いまおっしゃっている数理科学も含めて,僕らは数理工学と言っている.

小林●合原先生が書いておられるものを見ると,そうですね.

太田●制御の立場からすると,工学は下心ではなくて工学自身が種をまいているというのが私の理解です.もともと最適制御というと LQ (線型 2 次形式) 制御というかたちで,2 次規範を最小化するものです.数学としては非常に基本的で当たり前の定式化だと思うのですが,これに対して反対が出てきたのが H^∞ 制御と呼ばれるものです.感度関数という,制御にとっていちばん大事な関数を最小化することはいいことだという考えから出発して H^∞ 制御論が出てきて,最終的には,最適化の内点法などを使って幅広い分野が開けていったわけです.

　感度関数を小さくするというもともとの概念がなければ,そういう理論体系もできなかったわけです.だから,理論体系をつくるために,もともとの

---

13) 1964–.専門はロボティクス.

エンジニアリング的な発想があったというのが大事なところではないかと思います．

合原●そのエンジニアリング的な発想も1つですが，もう1つ，具体的に解きたい実問題がある，というところも重要です．それを解くために数学を使う．さらに数学的な方法は，ある意味で分野横断性を持つので，同じ問題が，たとえば経済や脳や地震とか，いろいろなところに使える．ただしその際に，最初のトリガーの部分が工学的なものであったり具体的な応用問題であったりということが数理工学の場合は非常に重要で，そこからスタートして数学をつくり，それをいろいろな分野に展開していく．そういうかたちで理論として発展していきます．

小野●システムがあって，それを何とかしたかったら数理工学，ということですね．解きたい問題，たとえば物理の問題に数学を使うだけだと，それは数理工学ではないですよね．

合原●数理工学では物理の問題だって扱いますよ．そこは全然こだわりません．分野そのものにそんなに意味はないというか….

小林●あまり広げてしまうとどうでしょうか．

合原●いや，広がっちゃうんだよ(笑)．だから，「あなたの業績は何ですか」と聞かれたら，結局特には何もないわけです．我々はいろいろなことをやっているのだけれども，特別な一分野をやっているわけではないので，それが楽しくてやっているという感じですかね．

小林●応用数学だってそうですよね．ものに依存しているわけではない

寺前順之介 (てらまえ・じゅんのすけ)
1974年，群馬県生まれ．2003年京都大学大学院理学研究科修了，理学博士，理化学研究所，大阪大学等を経て，現在・京都大学大学院情報学研究科准教授．専門は，理論神経科学，非線形物理学．
https://www-np.acs.i.kyoto-u.ac.jp/~teramae/

ので.

合原●名前の「工学」に分かりにくいところがあるのだと思う.だから,外国人に説明するときにすごく困ります."applied math"とか言ったほうがより近いイメージを持たれるかもしれない.

ただ,僕の教え子の増田(直紀)君がいまイギリスのブリストル大学にいるのですが,彼のいる学科は"Engineering Mathematics"というのです."Engineering"と"Mathematics"が逆だけど,似たようなものだと思う.イギリスにはそういう学科が,それほどメジャーではないかもしれないけれどもあるみたいです.

アルゴリズムと数理工学

小野●僕はアルゴリズムを通して「あっ,これが数理工学だな」と思ったことがありました.アルゴリズムは計算手順ですが,計算手順というところに工学的なニュアンスがあるわけです.何か計算結果を得たいからアルゴリズムがある.そのアルゴリズム自体の研究をするということは,まさに数理工学というくくりだからあるのだなと,修士か博士に行ったぐらいのときに思いました.だから,そこでようやく数理工学にちゃんと来たなという気がしたのです.

合原●数理工学でやるアルゴリズム研究とコンピュータ科学でやるアルゴリズム研究とは違うんですか.

小野●一部のコンピュータサイエンスでは,ソフトウェア,あるいはプログラム内の計算コア部分をブラックボックス的にアルゴリズムと言ったりするように思います.たとえばDNAのアライメント[14]をするBLASTというプログラムがあって,ゲノム関連の研究者が使っているのですが,その内部の計算を指す言葉として「アルゴリズム」が使われていたりします.細かい話はここでは省略しますが,DNAの2つの列の間の一番距離が近い対応をとりたいときに,それを近似的に求めるのがBLASTなどのツールです.ゲノム研究の方々はそれを使って2つのDNAは近いからどうこう,などとや

---

14) DNAはA(アデニン),G(グアニン),T(チミン),C(シトシン)の塩基の列からなるため,これを文字列とみなすことができる.2つのDNAの類似性を見るために文字の対応をとることをアライメントという.

14　序章　座談会「数理工学の世界」

るわけです.

　以前, ゲノムの特定[15]に参加したことがあり思ったのですが, どうもうまくモデル化されていない. DNA 間の距離を求めたいと言っているのだけれど, その距離の定義はしっかり定まっておらず, ともかく近さを計算したいと言っている場合が多いようで….

合原●それは DNA の生物学的な知識があまり入っていない, そういうイメージでしょうか.

小野●それもあるかもしれませんが, DNA の複製にはエラーがあってその誤りを考慮した上での対応を考慮した計算困難に近い問題を解くことになるため, 厳密計算が難しいわけです. だからヒューリスティクス[16]の BLAST を使っている.

合原●生物学者はそれを盲目的に使っている, と.

小野●はい. しかし, 僕らから見ると, モデルとアルゴリズムが切り分けられていないわけです. 最適化したいものが何かをきちんと定義した上でアルゴリズムを組んで, どこを近似的にするかしないか, そこをきちんと分けておきたい. それをある程度整理して, BLAST が目指しているであろうことをモデル化・定式化し, その定式化の下での最適化を行うアルゴリズムを提案したのですが, ゲノム研究の人たちにはあまり喜ばれませんでした. 彼らは BLAST が出す答えを盲目的に信じているところがあるからです.

　モデルとアルゴリズムがくっついたものが, なぜか「アルゴリズム」と呼ばれているところがある. 世の中にはそういうものがたくさんあると思います. ディープラーニングという言葉もなんとなくそういうテイストがあって, ニューラルネットのモデルなのか, アルゴリズムなのか, よく分からないところがありますよね. アルゴリズムを研究している人にとってはそういうところはいやなわけです. モデルはモデルで, モデルに対して僕らはアルゴリズムをつくる.

合原●でも, そこの区別は数理工学の人もコンピュータサイエンスの人もやりたいのではないですか.

小野●それはそうかもしれません. コンピュータサイエンスの中でも理論計

15）　科学研究費助成事業・特定領域研究.
16）　最適とは限らないが良い (と期待できる) 解を発見する近似解法.

算機科学の人はそういうところを厳しく見ようとしていると思います．一方，ディープラーニングなどをやっている人たちの中には，厳密さよりはそこから得られる何かが大事といった人も多いように見えます．

青柳●ディープラーニングもいろいろな立場がありますね．おっしゃったとおり，ディープラーニングに何かデータを処理させて，「学習できました，できたからいいではないか」というのですが，何をやっているかよく分からないという問題点も指摘されていますね．

合原●そういう使い方はむしろコンピュータ科学ではなくて，理論自体はあまりつくらないもっと応用寄りの人たちがやっているイメージですよね．

寺前●ディープラーニングの動作メカニズムを数理的に解析しようという研究ももちろんやられていて，それは数理工学的な視点にだいぶ近いかなと思います．

小野●一緒くたにしたらまずいと思うのですが，そういうところをちゃんと見ているか見ていないかに，数理工学かそうでないかというのがあるような気がします．

寺前● BLAST のモデルとアルゴリズム，最適化が一緒くたになっているけれども，本当は分けたいのだという話はすごく面白いと思ったのですが，分けるといいことがあるのですか．

小野●分けると，たとえばヒューリスティクスの精度をよくしようという目標が明確になりますよね．まず，モデルが悪いからだめなのかということと，アルゴリズムがいいのか悪いのかということは別で，それが区別できる．

合原●区別すればもっとストリクト[17)]に解明できますよね．

小野●先ほどの太田先生の話の，H^∞ 制御などいろいろな制御の場合も，何を基準とした制御をするか，という問題ですね．基準のほうがいいのか悪いのかという話と，アルゴリズムがいいのか悪いのかというのは別です．それを分けることによって，いろいろなものがより明確になるし，結果としてよいことができるのではないか．

寺前●結果としてよくしたいというのがあるわけですね．

---

17) モデルを改良すべきなのか，アルゴリズムをもっと工夫すべきなのかを区別することで，より研究を深められる．

現代に必要な人材とは？

青柳● 話は変わりますが，数理工学を学んだ学生の進路はどうなのでしょうか．

合原● この分野はすごく人気があります．最初に小林さんが言ったように，純粋数学だけやった人は応用分野ではなかなか使えないけれども，数理工学の人は数学も深く知っているし応用のセンスもあるので，企業にとっては使える人材です．

小林● 2014 年の『The Wall Street Journal』で，アメリカの収入ランキングのトップが数学者でした．僕はオープンキャンパスのときに親御さんが来られたら「大丈夫ですよ」みたいなことを言うのですが，あれ，本当なんですかね．どこまでを数学者に入れているのですかね？

合原● アメリカはリテラシとしての数学を重要視していて，その流れで数学者の就職にもつながっているのだと思います．

小林● Google とかがいっぱい採っているんでしょう？　それで収入がいい．

合原● AI の分野などはべらぼうな給料ですからね．最近，特任教員を辞めてアメリカの大手 IT 企業やベンチャーに行く人たちが出てきている．給料が全然違うと思います．

　特に最近は AI とかデータサイエンスとかでは人材が全然足りないので，もともと工学系は修士まで行って就職するのがほとんどだったけれども，学部で就職する人たちも結構出てきているようです．産業界では今ものすごく

青柳富誌生 (あおやぎ・としお)
1963 年，神戸市生まれ．1993 年京都大学大学院理学研究科修了，博士 (理学)，京都大学工学部数理工学科を経て，現在・京都大学大学院情報学研究科教授．専門は，非線形物理学，理論神経科学，ネットワーク力学系．
主な著書に『脳の計算論』(共著，シリーズ「脳科学」第 1 巻，東京大学出版会) など．
https://www-np.acs.i.kyoto-u.ac.jp/~aoyagi/

需要がある．そういう時代になってきていますね．

寺前●金融系のクオンツとかも関わっていますね．

合原●クオンツというのは資格？

青柳●数学や物理学などの博士を取った学生を採用して，そこで金融商品などをつくるというのが僕のイメージです．従来の日本での就職というと，コミュニケーションが苦手な人が営業をさせられることもあるのでしょうが，クオンツの人たちはそういうことはせずに，とにかく数学や物理学の理論を広い意味で使って何か答えを出す．

合原●閉じこもって理論を生み出す人として働いてくれたらいいみたいなね．それはそれで彼らはハッピーで，横に人がいたら研究できませんという学生は結構いますから．

青柳●そういう環境が整ってきたら，日本でも就職する人は増えるのではないでしょうか．

合原●そういう教育をしないといけない．以前は多くの学科で機械学習の講義すらなかったわけですよ．そこを文科省の人たちが心配して，その流れで「数理・情報センター」18)が6大学にできました．教育の部分を何とか変えられないかという試みです．僕はどうせ変えるのなら文科系の数学リテラシ教育も変えるほうがいいと言っていて，その方向に行くのだと思います．さらには，数学のトップレベルの人たちにも応用のセンスを学んでほしい．他方で，文科系を含めて全体の底上げをすると，日本の産業もだいぶ変わっていくのだと思います．大学1, 2年で，数学とか統計とかを，文科系の人にももうちょっと勉強してもらうほうがいいと思います．

小林●抵抗があるだろうね．文系の人は，中高ぐらいでネガティブな印象を植え付けられている人が多いので…．

寺前●高校や大学の最初のころの数学というと，線形代数とか微積とか，すごく基礎的なことだけで，応用数学に触れる機会があまりないですね．応用数学について，こんなことに使えるんだよという話をすると，文系の人も結構食いついてきますよ．それをもうちょっとやったらいいのではないでしょ

---

18) 2017年度政府予算に盛り込まれた「数理・データサイエンス教育の強化」事業で選定された6大学 (北海道大学，東京大学，滋賀大学，京都大学，大阪大学，九州大学) に設置された，実践的な教育の普及を目的とする施設．

うか.

合原●たとえば僕らは，2次関数で東京コレクションにも出したドレスをつくったことがあります．中学・高校で2次関数を教えるときに，これを使ってこんなドレスができるんですよ，というところまで話してあげると，興味の持ち方が変わるのですよ．中高で，いま教えている数学の先にあるものを教えないから，2次方程式の根の公式を覚えたけれども，一生使わないとか言って怒る人がいっぱいいる．たしかに使わないのだけれど，2次関数は根の公式が重要なのではなくて，非線形の世界の入口になっているわけです．だから，そういう教え方をしたら興味の持ち方は全然変わると思うのです．僕はそれを高校とかに行って結構アウトリーチをやりますけれど，多くの先生にそれをやってほしいですね．

数理工学を目指す人へのメッセージ

青柳●最後に，高校生から見ると「数理工学」という言葉はあまりなじみがないと思いますが，そのような若い人に向けて，メッセージをお願いできればと思います．

寺前●現実の問題を解くとき，数学は，私には高速道路のように見えます．論理的に考えていくと，すごく深いところや遠いところに行ける，そういう面白さがあると思う．そういうものに若いうちからたくさん触れると，きっとすごく面白いのではないかと思うので，ぜひそういうものをたくさん見てもらいたい．

太田●さきほどウィーナーの話が出てきましたが，制御はその辺から始まっている．ウィーナーは制御だけではないですが，高射砲の制御をずっとやっていたわけですね．飛行機を撃ち落とすための大砲をどうやって制御すればいいかという問題を頼まれて，ベル研究所，MITなど，あちこちで研究して，それを基にしてサイバネティクスが出てきている．その当時，日本でも高射砲の研究をしていました．戦後いろいろ調べてみると，日本の研究は主に，いかにメカの部分をよくするかという研究でした．メカをどんどんよくしていくと，こういう高射砲ができますという研究をやっていたようですが，数学的な話はほとんど入っていませんでした．日本は，職人を尊ぶところは非常によいところで，それがないといけないと思うのですが，幅を広げ

て一段ジャンプするようなアイデアは数理的な考えが必要であって，そういうものを選んだときに出てくるのではないかと思います．今までの延長線ではないところに解がある．これからの時代はそうだと思いますし，そういうときに抽象的な数理を利用してほしいと思っています．

青柳●数学は好きだけれども，理学的な純粋数学に行こうか，いや，そこではないかもしれないなどと迷っている人もいると思います．小野さんご自身もそうだったと思いますが，その辺に対するアドバイスがありますか．

小野●数学の偉人伝など見ると，すごい話ばっかりですね．佐藤幹夫先生の，数学者としてやっていくには寝ても覚めてもというようなアドバイス[19]もあったりする．純粋数学の場合，数学を数学の目，数学のかたちで，ずっと考えるというものがあって，ちょっと息苦しいところはあると思いますが，高校生で数学の好きな人は，数学も好きだけれども，「数学的な考え方」が好きだという人も多いと思うのです．そういう人にとって，数理工学はとてもぴったりな学問分野です．

　数学を使っていろいろなものを考えてみる．あるいは数学を使って何かに解答を出すというか解決策を出す．それができるのが数理工学なので，ぜひこの分野に入ってきていただきたいと思います．

青柳●いまのお話は，おそらく大学に入ってからでないと，本当の意味では分からないでしょうね．自分は数学が得意だと思って大学に入っても，理学部の数学に行く人を見たら，これはいかんと思ってしまう．

小林●だいたいそこで自信を失うことになる．今は知りませんが，僕らのころはそうでした．そういう教育がなされていましたね．

青柳●そのとき，理学部であれば物理が好きだったらそちらへ行くという選択はあるかもしれないですが，それはそれで独特の感性がありますし，物理が好きでない場合はなかなか厳しい．数理工学だと，数学的な力を活用していろいろなところへ行けます．

小林● 21世紀のこれから，生命科学，環境，経済，AI，いろいろなところで問題を解決していく最大の武器になるのが数理工学です．そういう意味で，これからの時代を切り開く基盤技術だと思いますので，就職もきっとい

---

19)　佐藤幹夫氏についての木村達雄氏 (筑波大学) の以下の文章．
https://nc.math.tsukuba.ac.jp/column/emeritus/Kimurata/

いでしょう．高収入も待っているでしょう．だから，高校生の皆さん，ぜひ数理工学を受けてくださいと言いたいですね．
合原●僕は学生に研究テーマを与えません．卒論生も自分でテーマを選ぶ．そこが数理工学のいいところです．どんなテーマでも実験をやらなくても数学的に研究できる．だから学生たちには，自分が何にいちばん興味があるのか自分の脳に問いなさいと言います．高校生も，自分が何に興味があるかということを早いうちから考えているといいのではないかという気がします．

他方，数学を使うので数学の能力がないとだめです．要は，自分の興味を考えつつ，数学をしっかり勉強しなさいということです．

◎──「見届け人」からひとこと
青柳●最後に陪席いただいている記事執筆者代表の山下先生と本書編集代表の中村先生に，数理工学の今後に関するメッセージ，若い人へのメッセージをお願いできればと思います．
山下●数理工学というのは，僕の専門である最適化でもそうですが，先ほど皆さんもおっしゃっていたように，自由であるというのが特徴かと思っています．研究の仕方も自由ですし，研究成果に対してもそうです．電車の中でも研究できますし，研究室でも研究できる．数学がすごくできる人だったら数学的なことを深くやって理論を構築することもできるし，そうでない人は一生懸命プログラムを組めば，それらしい結果が出せる．いろいろな方向に道を開くことができるという意味で，数理工学はいいのではないかと思って

山下信雄 (やました・のぶお)
1969 年，名古屋市生まれ．1996 年奈良先端科学技術大学院大学情報科学研究科博士後期課程修了，博士（工学），現在・京都大学大学院情報学研究科教授．専門は，数理最適化．
主な著書に『非線形計画法』（朝倉書店），『数理計画法』（共著，コロナ社）など．
http://www-optima.amp.i.kyoto-u.ac.jp/~nobuo/

中村佳正 (なかむら・よしまさ)
1955 年,愛知県出身.1983 年京都大学大学院工学研究科数理工学専攻修了,工学博士,大阪大学等を経て,現在・京都大学情報学研究科教授.専門は,応用可積分系.主な著書に『可積分系の数理』(共著,朝倉書店) など.
https://researchmap.jp/8353

います.

中村●先ほど,理学部数学科を進路として考えた場合,その後,大変ではないかという話がありました.私も同様で,工学の中でもいちばん上澄みというか,きれいな話をやっている数理工学を次の選択肢として選んだのですが,やはり数学に対する憧れのようなものは持ち続けていたので,卒論のテーマを選ぶときは数学の研究室を希望しました.理論だけで答えを出せて論文を書けるような分野に憧れる.それでなんとか数学の研究者になり,就職先も数学教室を 2 回ぐらい経験しました.

しかし,数学はやっぱり恐ろしい世界で,特に代数や幾何というところには感覚的についていけないようなところがある.いくら計算で頑張っても追いつけない雰囲気というか,構造的な直感力,認識力みたいなものがある.これは大変だと思いました.

逆に,数理工学出身で数学の世界に進んだことを何か強みにできないのか.中途半端にどちらも知っているか,どちらも知らないか,そうなりやすいのですが,工学的な価値観と問題意識みたいなものを理解しながら数学の方法論で研究するというところで生きていくことはできないかといろいろ探し,自分でそのような研究テーマ,もっといえば研究分野を見つけてきたようなところがあります.京大数理工学の 60 年の歴史のなかで特に前半の 30 年ぐらいは,そういうメンタリティの人が多かったし,その後,数学と工学の間が数学と情報学の間に変わったとしても,今もそれは共有できると思います.

振り返ってみると，今日の話にもあった，数理工学の持っている多様性と自由という言葉が自分の中でもとりわけ大切です．数理工学は価値観もいろいろ並行して同時に認めるところがあって，それは理学部数学科では許されないことだと思います．一神教と多神教の違いがあって(笑)，数理工学は八百万の神があり，いろいろな価値観を同時に受け入れるようなところがある．卒論や修論のテーマを学生が自分で見つけられるのは，こんな神様もいたよとそれぞれが見つけて，我を忘れてそのとき夢中になれる．そういう懐の広さが数理工学にはあるので，自由とか自分とかを大事にしたい高校生諸君に薦めたいですね．

数理工学には，時代とともに移り変わりながらも，自分で発見してエンジョイできるような研究テーマがずっと変わらずあります．ですから，もうこれしかないと高校時代に決められる人は別として，あれも面白そうだ，これも興味があるという人には数理工学はお薦めです．

青柳●ありがとうございました．

[2019 年 3 月 23 日京都大学楽友会館にて]

第1章

力学系理論の基礎

千葉逸人
東北大学材料科学高等研究所

1.1 序論——力学系理論とは

興味ある自然現象や社会現象を数理的に研究するために数学の言葉 (方程式やアルゴリズムなど) で定式化することを，モデル化とかモデリングという．多くの物理現象は微分方程式としてモデル化される．例えばニュートンの運動方程式 (高校物理では $F = ma$, 1687 年の『プリンキピア』にて提唱) は，加速度 a が質点の位置 x の時間 t に関する 2 階微分であるから

$$m\frac{d^2x}{dt^2} = F(t, x) \tag{1.1}$$

と表せる．このように，未知関数 $x(t)$ についての導関数を含む方程式を微分方程式という．他にも電磁気学におけるマクスウェル方程式，量子力学におけるシュレディンガー方程式，流体力学におけるナビエ-ストークス方程式なども微分方程式であり，その解の性質を調べることは重要な研究テーマである．

ニュートンは運動方程式を提唱し，それを天体の二体問題に適用した．二体問題とは，太陽と地球の運動に関する問題である．彼は二体問題に対する運動方程式を解くことで，ケプラーが 1610 年代に観測により予想していた法則「地球の公転軌道は楕円軌道である」などを数学的に証明した．二体問題が解けたら次は三体問題を考えたくなるのは自然であろう．3 つの天体が万有引力で相互作用する問題は何でも三体問題と言ってよいが，もっとも基本的なのは太陽，地球，月の運動である．ところが三体問題に対する運動方程式を解くのは非常に難しく，ニュートン以降，200 年ほど未解決であった．

そもそも，ニュートンはなぜ二体問題を解くことができたのだろうか．

24   第 1 章   力学系理論の基礎

"解ける"方程式の背後には数学的に良い構造があるはずである[1]. この問題
の場合, 未知変数は地球の座標 $(x(t), y(t), z(t))$ と速度 $(v_x(t), v_y(t), v_z(t))$,
および太陽に対するそれらの計 12 個であり, 運動方程式は 12 変数の連立微
分方程式となる. 普通, このように変数の多い連立微分方程式を解くことは
困難であるが, 今の場合は幸運なことに物理量の保存則が使える. すなわち
エネルギー, 運動量, 角運動量の保存則である. まず, 空間 3 方向の運動量
保存則を使うと, 太陽の位置と速度を消去することができ, 変数を地球の位
置と速度だけにできる. 運動量保存則は問題の空間平行移動に関する不変性
に起因するものであり, 直感的に言えば, 太陽と共に移動する座標系に移る
ことで太陽の座標を原点に固定したのである. 次に, z 方向の角運動量保存
則を用いると地球の軌道は同一平面内におさまることが証明できるので, 未
知変数は (x, y) と (v_x, v_y) の 4 つまで減らせる. さらに平面内の角運動量保
存則 (いわゆる面積速度一定の法則) を用いると変数が 2 つまで落ちる. 角
運動量保存則は問題の回転対称性 (太陽を中心に空間を回転させても方程式
が不変) に起因しており, 回転方向の情報を落として原点からの距離とその
速度のみの方程式に帰着させたと思えばよい. 残った 2 つの変数はさらにエ
ネルギー保存則 (これは問題の時間並進移動に関する不変性に起因する) を
満たす. その 2 つの変数の関係式がずばり楕円の方程式になっているわけで
ある.

まとめると, 問題の空間平行移動に関する対称性, 回転対称性, 時間の並
進に関する対称性がそれぞれ運動量保存則, 角運動量保存則, エネルギー保
存則を誘導する[2]. 全て未知変数に関する代数的な関係式であるから, これ
らを使って次々に変数の数を減らすことができ, 軌道を与える方程式まで落
とせたのである[3]. このように保存則が十分にあり, それをもって解を明示
的に書き下せる微分方程式を可積分系という.

三体問題の場合はどうであろうか. 変数は太陽, 地球, 月の 3 方向の位置

---

1) 数学の研究において問題を解くことはもちろん重要であるが, なぜその問題は解け
るか? を明らかにするほうが本質を突くことが多い.

2) 一般に, 運動方程式を不変に保つリー群の作用 (座標変換による不変性, 言い換え
れば対称性のこと) があれば, それは保存則を誘導する (ネーターの定理) ことが知られて
いる. 詳細は参考文献 [1] を参照. 脚注では, 興味ある読者のためにややレベルの高いこ
とを述べるが分からなくても気にしなくてよい.

と速度なので計 18 変数である. ところが問題の対称性, つまり保存則の数は変わらないと推察される. つまり, 保存則を使ってめいいっぱい変数を減らしてもまだ 6 変数残ってしまい, これを解くことができない. ニュートンの時代には "解ける方程式" の背後にある "対称性の存在" がはっきりと意識されていなかったので三体問題を解こうとする試みが長く続いたが, 最終的に 1890 年, H. ポアンカレにより, 三体問題には上記以外の保存則が存在しないことが証明され, 三体問題は解析的には解くことができないと結論された[4].

対称性を十分に持っている問題, 可積分系は実に稀であり, ほとんどの微分方程式は解析的に解くことができない. ではどうしたらよいだろうか. ポアンカレ以降, 大きく分けて 2 つの手法が発達した. 1 つは微分方程式に対する定性的な手法であり, これが本稿の主題である力学系理論である. もう 1 つはコンピュータを用いた数値計算であるがここでは解説しない.

"定性的" の意味するところについて説明しよう. 仮にある変数 $x(t)$ についての微分方程式が解けて時間 t についての関数として明示的に表すことができたとしよう. この場合, $t = 1$ とか $t = 100$ における変数の値は具体的に分かる. 定量的に評価できるというわけだ. ところが研究の立場や興味によっては, そこまで細かい情報よりも定性的な情報を先に知りたいこともある. 例えば二体問題の軌道は楕円であったが, 三体問題の地球の軌道も楕円になるのだろうか. もし, 太陽のまわりをぐるりと回って 1 年後にもとの場所より 1 m くらい内側にずれていたら, はるか未来には地球は太陽と衝突してしまうかもしれない. つまり, 地球の運動が周期的なのかそうでないの

---

3) $2n$ 変数の運動方程式 (位置と速度が未知なのでいつでも偶数) に対して, 独立な n 個の保存則があればその運動方程式を有限回の操作で解くことができる (S. リーの基本定理). 二体問題の場合は 12 変数の問題に対して 7 つの保存則があるが, 3 方向の角運動量保存則のうち独立に使えるものは 2 つしかない (回転群 $SO(3)$ が可解リー群でないことに起因) ため, 変数を消去するために使える保存則がちょうど 6 つになる. S. Lie は 19 世紀末に活躍した研究者で, 微分方程式がいつ解けるかについて代数的, 幾何学的な結論を与えた. 代数方程式の可解性に関するガロア理論の微分方程式バージョンである.

4) 月の質量は極めて小さいから 0 と近似, 地球の質量は太陽と比べるとやはり小さいのでそれを微小な量 ε とおいて, 二体問題からの微小摂動として三体問題を考えた. 新たな保存則が存在するとしてそれを ε に関するべき級数として計算したところ, それが発散することを示した. ポアンカレの業績は多岐にわたり, 力学系理論の創始者であると同時に位相幾何学 (トポロジー) の創始者でもある.

かという定性的なことに興味がある．それを調べるのが力学系理論だ．100秒後の地球の正確な位置など，定量的なことを知りたい場合は数値計算に頼ることになる．

ポアンカレは三体問題が解けないことを証明したあと，自ら地球の軌道の定性的な運動を調べ，軌道は楕円ではなくカオス的であることを示した．これが力学系理論の誕生である[5]．

また別の例を挙げる．単振り子の運動を記述するニュートンの運動方程式は，質点の質量を $m=1$ と規格化すると

$$\frac{d^2 x}{dt^2} = -\frac{g}{l}\sin x \tag{1.2}$$

で与えられる．

ここで未知変数 x は鉛直線から測った質点の振れ角，g は重力定数，l はひもの長さである．これを初期条件 $x(0)=x_0$, $x'(0)=0$ のもと解こう．両辺に dx/dt をかけると

$$\frac{dx}{dt}\cdot\frac{d^2 x}{dt^2} = -\frac{g}{l}\frac{dx}{dt}\cdot\sin x \implies \frac{1}{2}\frac{d}{dt}\left(\frac{dx}{dt}\right)^2 = \frac{g}{l}\frac{d}{dt}\cos x$$

$x'(0)=0$ に注意して両辺を積分すると

$$\frac{1}{2}\left(\frac{dx}{dt}\right)^2 = \frac{g}{l}\left(\cos x(t) - \cos x_0\right)$$

[5) カオスの数学的な定義にはいくつもの流儀があるうえにどれも難しいのでここでは述べないが，基本的な性質は初期値鋭敏性である．質点の初期位置や初速度をほんの少し変えただけで，その後の運動がまったく変わってしまう性質のこと．つまり，長時間の運動の予測が困難になる．来週の天気予報があてにならないのは天候を表す方程式がカオス性を持つため．詳細は参考文献 [2], [4], [5] など．

が得られるが，これはエネルギー保存則に他ならない．以上より

$$\frac{dx}{dt} = \pm\sqrt{\frac{2g}{l}\left(\cos x - \cos x_0\right)}$$

という1階微分のみを含む方程式に帰着できる．これは変数分離形と呼ばれ，以下のようにして解くことができる．

速度は正と仮定してプラスの符号を採用し，少し変形したのちに時刻 t について0から t まで積分すると

$$\int_0^t \sqrt{\frac{l}{2g}}\frac{1}{\sqrt{\cos x - \cos x_0}}\frac{dx}{dt}\,dt = \int_0^t dt = t$$

左辺の積分変数を t から x に置換すると

$$\int_{x(0)}^{x(t)} \sqrt{\frac{l}{2g}}\frac{1}{\sqrt{\cos x - \cos x_0}}\,dx = t$$

を得る．左辺の積分は楕円積分と呼ばれ，具体的に計算を実行することはできないが，ともかく解 $x(t)$ は上式を満たす関数 $x(t)$ で与えられる．これは楕円関数と呼ばれる（楕円の周の長さを計算するときに類似の積分が現れることに由来する）．

さて，単振り子の運動はおそらく周期的になっているはずであるが，上の公式を見て解 $x(t)$ が確かに周期関数であるとすぐに分かる人はあまりいないであろう．この問題は，解を明示的に求めることが必ずしも運動の理解に直結するわけではないことを示している．このようなときには定性理論である力学系理論が役に立つ．次節から，力学系理論のごく基本的な部分とその応用例をみていこう．

1.2 ベクトル場とその流れ

式 (1.1) は速度 $v = dx/dt$ を導入すれば

$$\begin{cases} \dfrac{dx}{dt} = v \\ \dfrac{dv}{dt} = \dfrac{1}{m}F(t,x) \end{cases}$$

という連立微分方程式に書き直すことができる．より一般に，n 階微分までを含む微分方程式は，$1, 2, \cdots, n-1$ 階の導関数を新たな変数とおくこと

28 第1章 力学系理論の基礎

で，1階微分のみを含む n 変数の連立微分方程式に書き直すことができる．
そこで，一般に $(x_1, \cdots, x_n)$ を変数 (未知関数) とする次の n 変数連立微分
方程式

$$
\begin{cases}
\dfrac{dx_1}{dt} = f_1(t, x_1, \cdots, x_n) \\
\quad \vdots \\
\dfrac{dx_n}{dt} = f_n(t, x_1, \cdots, x_n)
\end{cases}
\tag{1.3}
$$

を考えれば十分である．ここでは簡単のため，右辺が時間 t に依存しない
問題

$$
\begin{cases}
\dfrac{dx_1}{dt} = f_1(x_1, \cdots, x_n) \\
\quad \vdots \\
\dfrac{dx_n}{dt} = f_n(x_1, \cdots, x_n)
\end{cases}
\tag{1.4}
$$

のみを考えよう．ベクトル表記 $\boldsymbol{x} = (x_1, \cdots, x_n)$, $\boldsymbol{f} = (f_1, \cdots, f_n)$ を用
いて

$$
\frac{d\boldsymbol{x}}{dt} = \boldsymbol{f}(\boldsymbol{x})
\tag{1.5}
$$

と表すと便利である．力学系理論の立場では，式 (1.4), (1.5) を **n 次
元力学系**といい，$\boldsymbol{f} = (f_1, \cdots, f_n)$ を **n 次元ベクトル場**と呼ぶ．n 次
元空間の点 $\boldsymbol{x} = (x_1, \cdots, x_n)$ を1つ指定するごとに，n 次元ベクトル
$(f_1(\boldsymbol{x}), \cdots, f_n(\boldsymbol{x}))$ が1つ定まる．したがって点 $\boldsymbol{x}$ を動かせば $\boldsymbol{f}$ は空間に
ベクトルの"場"を与える，というわけだ．

　方程式 (1.5) に対して，初期値 $\boldsymbol{x}(0)$ (時刻 $t = 0$ における変数の値) を与
えると，方程式とこの初期値を満たす解 $\boldsymbol{x}(t)$ がただ一つ存在することが知
られている[6]．力学系理論ではこれを**解軌道**と呼ぶことも多い．また，初期
値をいろいろ動かして得られる解軌道全体のことをベクトル場 $\boldsymbol{f}$ が定める

---

6) 微分方程式の解の存在と一意性定理：$\boldsymbol{f}(\boldsymbol{x})$ が微分可能であれば，方程式 (1.5) と与
えられた初期条件 $\boldsymbol{x}(0) = \boldsymbol{x}_0$ を満たす解 $\boldsymbol{x}(t)$ がある時間区間 $-T < t < T$ においてただ
一つ存在する．一般には解が有限時間で発散することもあるので解の存在はある短い時間
区間でしか言えないが，力学系理論においては $t \to \infty$ まで解が存在するような問題を考
えることが多い．詳細は参考文献 [1], [3] を参照．

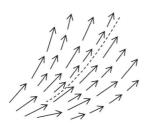 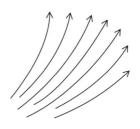

流れといい，解軌道の族の概形を描いたものを**相図**という．例えば2次元の場合には，上図左のように平面を流れる水の流れを表すのがベクトル場である．水の流れの中に質点を落としたときの運動の軌跡が1つの解軌道である(図の点線)．初期点をいろいろに変えて得られる解軌道の族をまとめて描いた上図右が相図となる．解軌道 $x(t)$ を求めたいのだが，前節で述べたように一般に微分方程式を解くことはできないため，$t \to \infty$ での解軌道の運命を追うことが目的となる．

1.3　ベクトル場の不動点とその安定性

力学系の研究において最初に考察すべき対象は不動点である．引き続き方程式 (1.4), (1.5) を考える．$f(x) = 0$ を満たす (t に依存しない) 点 p を，ベクトル場 f の**不動点**という．$x(t) \equiv p$ を式 (1.5) の両辺に代入するとともに 0 となり方程式を満たすので，これは厳密解になっている．時間に依存しない，動かない解軌道なので不動点と呼ぶ．

例 1.1　単振り子の方程式 (1.2) を 1 階連立で表すと

$$\begin{cases} \dfrac{dx}{dt} = v \\ \dfrac{dv}{dt} = -\dfrac{g}{l} \sin x \end{cases} \tag{1.6}$$

であり，ベクトル場は $f = \left(v, -\dfrac{g}{l} \sin x \right)$ で与えられる．不動点，つまり f の零点は $(x, v) = (0, 0)$ および $(\pi, 0)$ の 2 つである．前者は振り子が真下で静止している状態，後者は振り子が倒立して真上で静止している状態に対応している．物理的にも，これら以外に動かない解は存在しないことは見てとれる．これら 2 つの不動点の間には明らかな質的な差がある．実験で真下の状態を実現するのは容易であるが，倒立した状態を実現するにはかなりうま

30 第1章 力学系理論の基礎

くバランスをとらなければならず難しい．うまく実現できたとしても，空気
や机の揺れなどのわずかな擾乱でこの状態は崩されてしまう．この差を数学
の言葉で説明したい．

例 1.2 水平な床の上でばねに繋がれた質量1の質点の運動を表すニュー
トンの方程式は

$$\frac{d^2x}{dt^2} + 2\mu\frac{dx}{dt} + \omega^2 x = 0 \tag{1.7}$$

で与えられる．ここで x は自然な位置からの変位，$2\mu > 0$ は摩擦係数，ω^2
はばね定数である．1階連立に書き直すと

$$\begin{cases} \dfrac{dx}{dt} = v \\ \dfrac{dv}{dt} = -\omega^2 x - 2\mu v \end{cases} \tag{1.8}$$

不動点は $(x, v) = (0, 0)$ であり，これは質点が自然な位置で静止している状
態である．今，質点を適当に引っ張って手を離したときの運動を観測しよ
う．摩擦がある場合には質点は次第に減速し，やがて自然な位置 $(x, v) = (0, 0)$ に収束する．一方，摩擦がない場合 $(\mu = 0)$ にはエネルギーが保存す
るため，質点は永遠に振動し続ける．この2つの差を数学的に記述したい．

以上の2つの例題を動機として，不動点の安定性の概念を導入しよう．大
雑把に言えば，初期値を不動点 p の十分近くに任意にとったとき，その解軌
道が任意の時刻において p の十分近傍に留まるならば p を**中立安定な不動
点**という．また，初期値を不動点 p の十分近くに任意にとったとき，その解
軌道が $t \to \infty$ で p に収束するならば p を**漸近安定な不動点**という．中立安
定でも漸近安定でもない不動点を**不安定**であるという[7]．ここで問題にして
いるのは不動点の十分近傍の流れの様子のみ (力学系の局所理論という) で
あり，そこから遠く離れた流れについては何も言及していないことを強調し
ておく．

---

7) 数学的に正確な定義は以下の通り．$B_r(p)$ は点 p を中心とする半径 r の球体の内
部とする：任意の $\varepsilon > 0$ に対してある $\delta > 0$ が存在し，$B_\delta(p)$ 内にとった任意の初期値に
対してその解軌道 $x(t)$ が $0 < t < \infty$ で $B_\varepsilon(p)$ に含まれるとき，p は中立安定であると
いう．p が中立安定であり，かつある $r > 0$ が存在して $B_r(p)$ 内にとった任意の初期値
に対してその解軌道 $x(t)$ が $t \to \infty$ で p に収束するとき，p は漸近安定であるという．

2次元の流れの不動点の代表選手をいくつか紹介しよう. 以下の相図において, (1) 吸い込み は不動点近傍の解軌道がすべて不動点に収束していくので漸近安定である. 逆に (2) 湧き出し は離れていくので不安定. (3) 渦 は近づきも離れもせず, 解軌道は不動点の近くに留まり続けるので中立安定. (4) 鞍点 は, 2つだけ不動点に漸近する軌道があるものの, それ以外の解軌道は離れていくから不安定である.

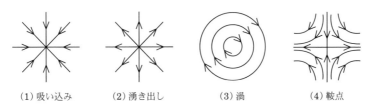

(1) 吸い込み   (2) 湧き出し   (3) 渦   (4) 鞍点

数学的な証明はさておき, 上の例題の不動点の安定性を物理的な観点から調べてみよう.

例 1.1′ 不動点 $(x,v) = (0,0)$ は振り子が真下で静止している状態であった. もし初期値をこの十分近くにとると (例えば $(x,v) = (0.1, 0.2)$ などととると), 振り子は不動点のまわりを振動し続けるだろう. 位置も速度も周期的であり, (x,v) 平面での解軌道の様子はちょうど (3) 渦 のようになっている. したがって中立安定である. 一方, 倒立状態の不動点 $(x,v) = (\pi, 0)$ のどんなに近くに初期値をとっても, 振り子は倒れて解は倒立状態から離れていく. したがってこの不動点は不安定である (後で示すが鞍点になっている).

例 1.2′ 不動点 $(x,v) = (0,0)$ は質点が自然な位置で静止している状態であった. 質点を少しだけ引っ張って手を離したとき, 摩擦がなければ質点は振動し続けるから, (3) 渦 であり中立安定である. しかし摩擦があると運動は減衰していき, やがて静止状態に戻る. (x,v) 平面での解軌道の様子は (1) 吸い込み になっており, 不動点は漸近安定となる.

不動点の安定性を数学的に判定したい. そこでまず, 方程式 (1.4) において右辺の $\boldsymbol{f}(\boldsymbol{x})$ を不動点 $\boldsymbol{p} = (p_1, \cdots, p_n)$ まわりでテイラー展開すると

$$
f_1(\boldsymbol{p}) + \left(\frac{\partial f_1}{\partial x_1}(\boldsymbol{p})(x_1 - p_1) + \frac{\partial f_1}{\partial x_2}(\boldsymbol{p})(x_2 - p_2) \right.
$$
$$
\left. + \cdots + \frac{\partial f_1}{\partial x_n}(\boldsymbol{p})(x_n - p_n) \right) + \cdots
$$
$$
f_2(\boldsymbol{p}) + \left(\frac{\partial f_2}{\partial x_1}(\boldsymbol{p})(x_1 - p_1) + \frac{\partial f_2}{\partial x_2}(\boldsymbol{p})(x_2 - p_2) \right.
$$
$$
\left. + \cdots + \frac{\partial f_2}{\partial x_n}(\boldsymbol{p})(x_n - p_n) \right) + \cdots
$$
$$
\vdots
$$
$$
f_n(\boldsymbol{p}) + \left(\frac{\partial f_n}{\partial x_1}(\boldsymbol{p})(x_1 - p_1) + \frac{\partial f_n}{\partial x_2}(\boldsymbol{p})(x_2 - p_2) \right.
$$
$$
\left. + \cdots + \frac{\partial f_n}{\partial x_n}(\boldsymbol{p})(x_n - p_n) \right) + \cdots
$$

ここで，最後の $+\cdots$ の部分は $(x_i - p_i)$ について 2 次以上の項 (これを**非線形項**という) であるが，煩雑なので省略した．また，$\boldsymbol{p}$ は不動点であるから $f_i(\boldsymbol{p}) = 0 \ (i = 1, \cdots, n)$ であり初項は消えることに注意しよう．以上より，式 (1.4) は行列とベクトルを使って書くと

$$
\frac{d}{dt}
\begin{pmatrix} x_1 \\ x_2 \\ \vdots \\ x_n \end{pmatrix}
=
\begin{pmatrix}
\dfrac{\partial f_1}{\partial x_1}(\boldsymbol{p}) & \dfrac{\partial f_1}{\partial x_2}(\boldsymbol{p}) & \cdots & \dfrac{\partial f_1}{\partial x_n}(\boldsymbol{p}) \\
\dfrac{\partial f_2}{\partial x_1}(\boldsymbol{p}) & \dfrac{\partial f_2}{\partial x_2}(\boldsymbol{p}) & \cdots & \dfrac{\partial f_2}{\partial x_n}(\boldsymbol{p}) \\
\vdots & \vdots & \ddots & \vdots \\
\dfrac{\partial f_n}{\partial x_1}(\boldsymbol{p}) & \dfrac{\partial f_n}{\partial x_2}(\boldsymbol{p}) & \cdots & \dfrac{\partial f_n}{\partial x_n}(\boldsymbol{p})
\end{pmatrix}
\begin{pmatrix} x_1 - p_1 \\ x_2 - p_2 \\ \vdots \\ x_n - p_n \end{pmatrix}
+ \cdots
$$

と展開されることが分かった．今，我々は不動点 $\boldsymbol{p}$ の十分近くの流れの様子に興味がある．すなわち $x_i - p_i$ は十分小さいと仮定しているので，2 次以上の非線形項 ($+\cdots$ の部分) は右辺 1 項目の 1 次の項よりも遥かに小さいので，無視しても構わないと期待される (実は条件が必要だが，それは後で議論する)．もしそうであれば

$$\frac{d}{dt}\begin{pmatrix} x_1 - p_1 \\ x_2 - p_2 \\ \vdots \\ x_n - p_n \end{pmatrix} = \begin{pmatrix} \frac{\partial f_1}{\partial x_1}(\boldsymbol{p}) & \frac{\partial f_1}{\partial x_2}(\boldsymbol{p}) & \cdots & \frac{\partial f_1}{\partial x_n}(\boldsymbol{p}) \\ \frac{\partial f_2}{\partial x_1}(\boldsymbol{p}) & \frac{\partial f_2}{\partial x_2}(\boldsymbol{p}) & \cdots & \frac{\partial f_2}{\partial x_n}(\boldsymbol{p}) \\ \vdots & \vdots & \ddots & \vdots \\ \frac{\partial f_n}{\partial x_1}(\boldsymbol{p}) & \frac{\partial f_n}{\partial x_2}(\boldsymbol{p}) & \cdots & \frac{\partial f_n}{\partial x_n}(\boldsymbol{p}) \end{pmatrix}\begin{pmatrix} x_1 - p_1 \\ x_2 - p_2 \\ \vdots \\ x_n - p_n \end{pmatrix}$$

と簡単化される. ここで, p_i は定数でその微分は 0 であるから, 左辺に dp_i/dt を挿入している. 右辺の行列は $\boldsymbol{f}$ の点 $\boldsymbol{p}$ におけるヤコビ行列であり, しばしば $D\boldsymbol{f}(\boldsymbol{p})$ と書かれる. さらに $x_i - p_i = y_i$, $\boldsymbol{y} = (y_1, \cdots, y_n)$ とおけば, 上式は

$$\frac{d\boldsymbol{y}}{dt} = D\boldsymbol{f}(\boldsymbol{p})\boldsymbol{y} \tag{1.9}$$

と書かれる. これを (ベクトル値の) **線形微分方程式**という. "線形"であるとは, 未知関数について 2 次以上の高次の項が含まれないことである. 不動点 $\boldsymbol{p}$ が漸近安定, すなわち $t \to \infty$ で $\boldsymbol{x}(t) \to \boldsymbol{p}$ ならば $\boldsymbol{y}(t) \to 0$ である. つまり, 式 (1.5) の不動点の安定性の問題は方程式 (1.9) の解 $\boldsymbol{y}(t)$ が $t \to \infty$ で原点に収束するのか離れていくのか, を調べる問題に帰着される. この方程式を特徴づけているのはヤコビ行列 $D\boldsymbol{f}(\boldsymbol{p})$ のみであるから, 行列の理論, 線形代数学で解決できそうである.

1.4 行列の指数関数

$\boldsymbol{y} = \boldsymbol{y}(t)$ を n 次元ベクトル, A を t に依存しない $n \times n$ 行列として, 次の初期条件付きの線形微分方程式を考えよう.

$$\frac{d\boldsymbol{y}}{dt} = A\boldsymbol{y}, \quad \boldsymbol{y}(0) = \boldsymbol{y}_0 \tag{1.10}$$

成分ごとに書けば

$$\begin{cases} \dfrac{dy_1}{dt} = a_{11}y_1 + a_{12}y_2 + \cdots + a_{1n}y_n \\ \dfrac{dy_2}{dt} = a_{21}y_1 + a_{22}y_2 + \cdots + a_{2n}y_n \\ \quad \vdots \\ \dfrac{dy_n}{dt} = a_{n1}y_1 + a_{n2}y_2 + \cdots + a_{nn}y_n \end{cases}$$

34   第 1 章　力学系理論の基礎

という n 変数の連立微分方程式であるが，行列の理論を使いたいので (1.10) のほうで議論を進める．唐突であるが，実数 x についての指数関数 e^x のテイラー展開が

$$e^x = 1 + x + \frac{x^2}{2!} + \frac{x^3}{3!} + \cdots = \sum_{k=0}^{\infty} \frac{x^k}{k!}$$

であることを思い出そう．これの真似をして，行列 A に対する**行列の指数関数** e^A を

$$e^A = E + A + \frac{1}{2!}A^2 + \frac{1}{3!}A^3 + \cdots = \sum_{k=0}^{\infty} \frac{1}{k!}A^k \tag{1.11}$$

と定義する．ここで E は単位行列である．t をスカラーとするとき e^{At} は

$$e^{At} = E + At + \frac{t^2}{2!}A^2 + \frac{t^3}{3!}A^3 + \cdots = \sum_{k=0}^{\infty} \frac{t^k}{k!}A^k \tag{1.12}$$

で与えられる．右辺の無限級数が収束することの証明は必要であるが割愛する (参考文献 [3] を参照)．行列の和で定義されているからもちろん e^{At} も行列である．実はこの e^{At} が式 (1.10) の解になる．

定理 1.1　行列の指数関数は次を満たす．

（ i ）　$e^O = E$ 　　　（O は零行列）

（ii）　$\dfrac{d}{dt}e^{At} = Ae^{At}$

証明　(i) は式 (1.11) に $A = O$ を代入すればよい．

（ii）　定義通り計算すると

$$\begin{aligned}
\frac{d}{dt}e^{At} &= \frac{d}{dt}\left(E + At + \frac{t^2}{2!}A^2 + \frac{t^3}{3!}A^3 + \cdots\right) \\
&= A + tA^2 + \frac{t^2}{2!}A^3 + \cdots \\
&= A(E + tA + \frac{t^2}{2!}A^2 + \cdots) = Ae^{At}.
\end{aligned}$$

この公式からただちに次の定理を得る．

定理 1.2　方程式 (1.10) の解は $\boldsymbol{y}(t) = e^{At}\boldsymbol{y}_0$ で与えられる．

実際，定理 1 を用いれば $e^{At}\boldsymbol{y}_0$ が微分方程式と初期条件の両方を満たすことがただちに確認できる．これで方程式 (1.10) が解けた，と言ってもい

いが，行列 e^{At} の素性が分からないのでちっとも分かった気にならない．行列の指数関数 e^A を具体的に計算する手法が必要である．そのために，まずは必要な性質を準備しておこう．

定理 1.3　任意の $n \times n$ 行列 A, B に対して以下が成り立つ．

（ i ）　$AB = BA$ ならば $e^{A+B} = e^A e^B = e^B e^A$.

（ ii ）　e^A は正則行列 (逆行列を持つ) であり，$(e^A)^{-1} = e^{-A}$.

（iii）　任意の正則行列 P に対し $P^{-1} e^A P = e^{P^{-1}AP}$.

（iv）　A の固有値を $\lambda_1, \cdots, \lambda_n$ とすると e^A の固有値は $e^{\lambda_1}, \cdots, e^{\lambda_n}$ で与えられる．

（ v ）　$\det e^A = e^{\operatorname{trace} A}$ が成り立つ．

証明　（ i ）　2 通りの証明を与える．1 つ目はスカラー値の指数関数の指数法則 $e^{x+y} = e^x e^y$ の証明と同様である．

$$
\begin{aligned}
e^A e^B &= \sum_{m=0}^{\infty} \frac{A^m}{m!} \cdot \sum_{k=0}^{\infty} \frac{B^k}{k!} = \sum_{k=0}^{\infty} \sum_{m=0}^{k} \frac{A^m}{m!} \frac{B^{k-m}}{(k-m)!} \\
&= \sum_{k=0}^{\infty} \frac{1}{k!} \sum_{m=0}^{k} {}_k C_m A^m B^{k-m} = \sum_{k=0}^{\infty} \frac{1}{k!} (A+B)^k \\
&= e^{A+B}.
\end{aligned}
$$

4 つ目の等号 (二項展開) で条件 $AB = BA$ を使っていることを確認すること．別証明はもっと面白い．今，$X(t) = e^{(A+B)t}$ とおくと，定理 1 よりこれは行列値の線形微分方程式

$$
\frac{dX}{dt} = (A+B)X, \quad X(0) = E \tag{1.13}
$$

の解になっている．一方，$AB = BA$ より

$$
e^{At} B = \sum_{k=0}^{\infty} \frac{t^k}{k!} A^k B = B \sum_{k=0}^{\infty} \frac{t^k}{k!} A^k = B e^{At}
$$

なので，$Y(t) = e^{At} e^{Bt}$ とおくと

$$
\frac{dY}{dt} = A e^{At} e^{Bt} + e^{At} B e^{Bt} = (A+B) e^{At} e^{Bt} = (A+B) Y
$$

したがって $Y(t)$ も (1.13) の解である．1.2 節で述べたように微分方程式の解はただ一つであるから，結局 $X(t) = Y(t)$ であり，$t = 1$ を代入して題意を得る．このように，微分方程式の解の一意性を利用して一見異なる 2 つの関数が等しいことを示す手法はしばしば用いられる．

36　第1章　力学系理論の基礎

（ii）　(i) において $B = -A$ とおくと $e^O = e^A e^{-A} = E$ なので e^{-A} は e^A の逆行列.

（iii）　$(P^{-1}AP)^2 = (P^{-1}AP)(P^{-1}AP) = P^{-1}A^2P$ などに注意すると

$$e^{P^{-1}AP} = \sum_{k=0}^{\infty} \frac{(P^{-1}AP)^k}{k!} = \sum_{k=0}^{\infty} P^{-1}\frac{A^k}{k!}P = P^{-1}e^A P$$

（iv）　任意の行列 A に対してある正則行列 P があって $P^{-1}AP$ が上三角行列になるようにできる (行列の標準形の理論. 線形代数の本を参照のこと. 対角化可能な場合は，対角化したと思えばよい). この上三角行列の対角成分には A の固有値が並ぶ:

$$P^{-1}AP = \begin{pmatrix} \lambda_1 & & * \\ & \ddots & \\ 0 & & \lambda_n \end{pmatrix}$$

このとき

$$(P^{-1}AP)^k = \begin{pmatrix} \lambda_1^k & & * \\ & \ddots & \\ 0 & & \lambda_n^k \end{pmatrix}$$

が成り立つことに注意すると

$$e^{P^{-1}AP} = \sum_{k=0}^{\infty} \frac{(P^{-1}AP)^k}{k!} = \begin{pmatrix} \sum_{k=0}^{\infty}\dfrac{\lambda_1^k}{k!} & & * \\ & \ddots & \\ 0 & & \sum_{k=0}^{\infty}\dfrac{\lambda_n^k}{k!} \end{pmatrix}$$
$$= \begin{pmatrix} e^{\lambda_1} & & * \\ & \ddots & \\ 0 & & e^{\lambda_n} \end{pmatrix}$$

よって $e^{P^{-1}AP}$ の固有値は $e^{\lambda_1}, \cdots, e^{\lambda_n}$ である. (iii) より $e^{P^{-1}AP} = P^{-1}e^A P$ なので e^A と $e^{P^{-1}AP}$ の固有値は等しい (行列の相似変換で固有値は不変) から結論を得る.

（v）　(iv) の計算より

$$\det e^{P^{-1}AP} = e^{\lambda_1} \cdot e^{\lambda_2} \cdots e^{\lambda_n} = e^{\lambda_1 + \cdots + \lambda_n} = e^{\mathrm{trace}\,A}$$

一方,

$$\det e^{P^{-1}AP} = \det P^{-1}e^A P$$
$$= (\det P)^{-1}(\det e^A)(\det P) = \det e^A$$

より結論を得る.

以下では簡単のため,対角化可能な行列のみを考えよう.すなわち,行列 A に対してある行列 P が存在して,$P^{-1}AP$ が対角行列になるケースを考える.応用上はこれでも十分広い問題をカバーできる.例えば任意の対称行列は対角化可能であるし,全ての固有値が相異なれば対角化可能である.

例 1.3 次の行列
$$A = \begin{pmatrix} -1 & 0 \\ 0 & 2 \end{pmatrix}$$
に対し,e^{At} を計算せよ.

解答 対角行列に対する指数関数の計算は容易である.$A^k = \begin{pmatrix} (-1)^k & 0 \\ 0 & 2^k \end{pmatrix}$ に注意すると

$$e^{At} = \sum_{k=0}^{\infty} \frac{t^k}{k!} A^k = \begin{pmatrix} \displaystyle\sum_{k=0}^{\infty} (-1)^k \frac{t^k}{k!} & 0 \\ 0 & \displaystyle\sum_{k=0}^{\infty} 2^k \frac{t^k}{k!} \end{pmatrix}$$
$$= \begin{pmatrix} e^{-t} & 0 \\ 0 & e^{2t} \end{pmatrix}.$$

要するに,対角成分をそのまま指数の肩に乗せればよい.

A が対角行列でない場合には,以下の手順で対角行列に帰着させることで e^{At} を計算できる.

（1） A の固有値と固有ベクトルを求める.
（2） 固有ベクトルを縦に並べて対角化行列 P を作る.このとき $P^{-1}AP$ は対角行列になり,対角成分には固有値が並ぶ.
（3） $e^{P^{-1}APt}$ を求める.指数の肩に固有値を乗せた対角行列になる.
（4） 定理 3 (iii) より $e^{At} = Pe^{P^{-1}APt}P^{-1}$ である.

38 第 1 章 力学系理論の基礎

例 1.4 行列

$$A = \begin{pmatrix} 3 & 1 \\ 2 & 2 \end{pmatrix}$$

に対して e^{At} を求めよ．また方程式

$$\frac{d}{dt}\begin{pmatrix} x \\ y \end{pmatrix} = \begin{pmatrix} 3 & 1 \\ 2 & 2 \end{pmatrix}\begin{pmatrix} x \\ y \end{pmatrix}, \quad \begin{pmatrix} x(0) \\ y(0) \end{pmatrix} = \begin{pmatrix} 1 \\ 0 \end{pmatrix}$$

の解を求めよ．

解答 右辺の行列 A の固有値，固有ベクトルを求める．

$$\det(\lambda I - A) = \det\begin{pmatrix} \lambda - 3 & -1 \\ -2 & \lambda - 2 \end{pmatrix} = (\lambda - 1)(\lambda - 4)$$

より固有値は $\lambda = 1, 4$. 固有ベクトルを $\boldsymbol{u} = (u, v)$ とおくと

$\lambda = 1$ のとき

$$(\lambda I - A)\boldsymbol{u} = \begin{pmatrix} -2 & -1 \\ -2 & -1 \end{pmatrix}\begin{pmatrix} u \\ v \end{pmatrix} = 0 \implies \begin{pmatrix} u \\ v \end{pmatrix} = \begin{pmatrix} 1 \\ -2 \end{pmatrix}$$

$\lambda = 4$ のとき

$$(\lambda I - A)\boldsymbol{u} = \begin{pmatrix} 1 & -1 \\ -2 & 2 \end{pmatrix}\begin{pmatrix} u \\ v \end{pmatrix} = 0 \implies \begin{pmatrix} u \\ v \end{pmatrix} = \begin{pmatrix} 1 \\ 1 \end{pmatrix}$$

よって A の対角化行列は $P = \begin{pmatrix} 1 & 1 \\ -2 & 1 \end{pmatrix}$ であり

$$P^{-1}AP = \begin{pmatrix} 1 & 0 \\ 0 & 4 \end{pmatrix}$$

前の例題と同様にして

$$e^{P^{-1}APt} = \begin{pmatrix} e^t & 0 \\ 0 & e^{4t} \end{pmatrix}$$

$e^{P^{-1}APt} = P^{-1}e^{At}P$ より

$$e^{At} = Pe^{P^{-1}APt}P^{-1}$$

$$= \begin{pmatrix} 1 & 1 \\ -2 & 1 \end{pmatrix} \begin{pmatrix} e^t & 0 \\ 0 & e^{4t} \end{pmatrix} \begin{pmatrix} 1 & 1 \\ -2 & 1 \end{pmatrix}^{-1}$$

$$= \frac{1}{3} \begin{pmatrix} e^t + 2e^{4t} & -e^t + e^{4t} \\ -2e^t + 2e^{4t} & 2e^t + e^{4t} \end{pmatrix}$$

定理 2 より，$t = 0$ において初期値 $(1, 0)$ をとる方程式の解は

$$\begin{pmatrix} x(t) \\ y(t) \end{pmatrix} = \frac{1}{3} \begin{pmatrix} e^t + 2e^{4t} & -e^t + e^{4t} \\ -2e^t + 2e^{4t} & 2e^t + e^{4t} \end{pmatrix} \begin{pmatrix} 1 \\ 0 \end{pmatrix}$$

$$= \frac{1}{3} \begin{pmatrix} e^t + 2e^{4t} \\ -2e^t + 2e^{4t} \end{pmatrix}$$

で与えられる．

上に述べた計算手順 (1)〜(4) から次の定理は明らかであろう．

定理 1.4　$n \times n$ 行列 A は対角化可能であるとし，その固有値を $\lambda_1, \cdots, \lambda_n$ とする．このとき，行列の指数関数 e^{At} の各成分は $e^{\lambda_1 t}, \cdots, e^{\lambda_n t}$ の一次結合で与えられる[8]．

λ の実部と虚部をそれぞれ a, b とおく（$\lambda = a + ib$）と

$$e^{\lambda t} = e^{at} e^{ibt} = e^{at}(\cos bt + i \sin bt)$$

であるから，$t \to \infty$ での振舞いは実部 a でおおむね決まることに注意すると，定理 2 と定理 4 を合わせて次が分かる．

定理 1.5　$n \times n$ 行列 A は対角化可能であるとし，その固有値を $\lambda_1, \cdots, \lambda_n$ とする．線形微分方程式

$$\frac{d\boldsymbol{y}}{dt} = A\boldsymbol{y} \tag{1.14}$$

について，

---

8)　A が対角化できない場合には，e^{At} の各成分は $t^{k_i} e^{\lambda_i t}$ という形の項の一次結合で与えられる（t の多項式と指数関数の積）．ここで k_i は固有値 λ_i の重複度から決まるある自然数．

40　第 1 章　力学系理論の基礎

（ⅰ）すべての固有値の実部が負であれば，任意の解 $\boldsymbol{y}(t)$ は $t \to \infty$ で指数的に 0 に収束する．したがって不動点 $\boldsymbol{y} = 0$ は漸近安定である．

（ⅱ）少なくとも 1 つ実部が正の固有値があれば，$t \to \infty$ で指数的に発散する解が存在する．したがって不動点 $\boldsymbol{y} = 0$ は不安定である．

（ⅲ）実部が 0 の固有値と実部が負の固有値からなる場合，原点のまわりを回る周期解が存在し，それ以外の解は原点に収束する．したがって不動点 $\boldsymbol{y} = 0$ は中立安定である[9]．

例 1.4 から分かるように解を具体的に求める計算はかなり大変であるが，$t \to \infty$ での定性的な振舞いは固有値の計算だけで済んでしまうことを味わってほしい．

例 1.2″　例 1.2 の方程式 (1.8) は (2 次以上を無視することなく) 初めから線形方程式であり，行列を使って

$$\frac{d}{dt} \begin{pmatrix} x \\ v \end{pmatrix} = \begin{pmatrix} 0 & 1 \\ -\omega^2 & -2\mu \end{pmatrix} \begin{pmatrix} x \\ v \end{pmatrix} \tag{1.15}$$

と書ける．右辺の行列の固有値は $\lambda = -\mu \pm \sqrt{\mu^2 - \omega^2}$ で与えられる．摩擦がない場合 $(\mu = 0)$ は $\lambda = \pm i\omega$ でこれは純虚数であるから定理 5 の (ⅲ) のケースであり，解は周期解，不動点 $(x, v) = (0, 0)$ は中立安定となる．1.3 節の図でいうと (3) 渦 の場合である．$\mu > 0$ のときは固有値の実部は共に負なので (ⅰ) のケースで，不動点は漸近安定である．したがって例 1.2′ で物理的に洞察しておいた結果が数学的にも確認できた．もう少し詳しく見てみよう．定理 1.4 より，解は $e^{\lambda t}$ の重ね合わせである．$\mu = 0$ の場合は $x(t) = C_1 e^{i\omega t} + C_2 e^{-i\omega t}$ となる．ここで C_1, C_2 は初期条件から決まる定数．オイラーの公式に注意するとこれは $\sin, \cos$ の和であるから，確かに解は周期的になっている．$0 < \mu < \omega$ のときは $\sqrt{\mu^2 - \omega^2}$ は純虚数であるからこれを ib とおくと，解は

---

9)　対角化できない場合にも定理の (ⅰ), (ⅱ) はそのまま成り立つ $t^k e^{\lambda t}$ において λ の実部 a が 0 でない場合は，多項式よりも指数関数のほうが支配的であり $t \to \infty$ での挙動は a の符号で決まる．ところが $a = 0$ のときは $e^{\lambda t}$ は周期関数になり，多項式のほうが発散するため定理の (ⅲ) は成り立たなくなる．

$$x(t) = C_1 e^{(-\mu+ib)t} + C_2 e^{(-\mu-ib)t}$$
$$= e^{-\mu t}\left((C_1+C_2)\cos bt + i(C_1-C_2)\sin bt\right)$$

で与えられる．したがって解は振動しながら減衰する (次図左)．(x,v) 平面での相図は次図右のようになり，解軌道は原点のまわりを回りながら原点に収束していく．$\omega < \mu$ のときは $\lambda = -\mu \pm \sqrt{\mu^2 - \omega^2}$ は負の実数となり，解は単調に 0 に収束する．

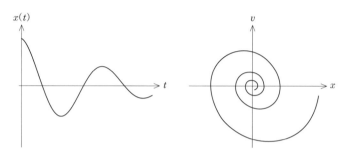

1.5 ベクトル場の不動点とその安定性 (続き)

ここまでのストーリーをまとめておこう．n 次元の力学系

$$\frac{d\boldsymbol{x}}{dt} = \boldsymbol{f}(\boldsymbol{x}) \tag{1.16}$$

が不動点 $\boldsymbol{p}$ を持つとして，その安定性，すなわち $\boldsymbol{p}$ 近傍の流れの様子を知りたい．そこで右辺の $\boldsymbol{f}$ を点 $\boldsymbol{p}$ まわりでテイラー展開すると

$$\frac{d\boldsymbol{x}}{dt} = D\boldsymbol{f}(\boldsymbol{p})(\boldsymbol{x}-\boldsymbol{p}) + (\boldsymbol{x}-\boldsymbol{p} について 2 次以上の項)$$

を得る．$\boldsymbol{y} = \boldsymbol{x} - \boldsymbol{p}$ と座標変換すると

$$\frac{d\boldsymbol{y}}{dt} = D\boldsymbol{f}(\boldsymbol{p})\boldsymbol{y} + (\boldsymbol{y} について 2 次以上の項) \tag{1.17}$$

となり不動点は原点 $\boldsymbol{y} = 0$ になる．ここで $\boldsymbol{y}$ は微小量であるから，その 2 次以上の非線形項を無視できると "仮定すれば" 線形の微分方程式

$$\frac{d\boldsymbol{y}}{dt} = D\boldsymbol{f}(\boldsymbol{p})\boldsymbol{y} \tag{1.18}$$

に帰着される．線形微分方程式は行列の指数関数を用いて具体的に解くことができ，ヤコビ行列 $D\boldsymbol{f}(\boldsymbol{p})$ の固有値の実部の符号が解の定性的な振舞いを

42   第 1 章   力学系理論の基礎

決定する.

　残された問題は，高次の項を無視することが果たして妥当かどうかである．これについての数学的に厳密な議論はかなり難しいので直感的なアイデアだけを説明する．厳密な議論は参考文献 [2] を参照してほしい.

　以下，$Df(p) = A$ と表す．初期条件 $y(t) = y_0$ を満たす方程式 (1.18) の厳密解は $y(t) = e^{At}y_0$ であった．原点近傍の流れに興味がある場合は y について非線形項は十分小さいから，方程式 (1.17) の厳密解は

$$y(t) = e^{At}y_0 + (\text{微小な誤差項}) \tag{1.19}$$

のようだと推測される．問題は，この微小な誤差項が無視できるかどうかである．結論だけ述べよう．定理 1.5 (i) の場合，すなわち A のすべての固有値の実部が負の場合は，1 項目 $e^{At}y_0$ は指数関数的に減衰する．2 項目の微小誤差は指数的減衰を相殺するには至らず，(1.17) の厳密解も指数的に原点に漸近することが証明できる．したがって不動点 $x = p$ は漸近安定である．ただし，$y = x - p$ が微小であるという仮定のもとなので，あくまで初期値を p の近くにとったときに成り立つ局所理論であることに注意．同様に，定理 1.5 (ii) の場合，実部が正の固有値が存在する場合は $e^{At}y_0$ は指数関数的に発散する．微小誤差はこれを相殺できず，(1.17) の厳密解も原点から指数的に離れていく．難しいのは (iii) のケース，純虚数の固有値が存在する場合だ．$e^{At}y_0$ は (初期値 y_0 をうまく選べば) 周期関数になる．このときは微小誤差のほうが支配的になり本質的に流れに影響する．つまり無視した 2 次以上の非線形項の関数形によって不動点は漸近安定にも不安定にもなりうる．この場合は個別にさらなる詳細な解析が必要で，一般論としては何も言えない．太陽と地球の二体問題の解は周期軌道であった．これに 3 つ目の天体が微小摂動として加わったとき，地球が 1 年後に元の軌道の内側にくるか外側にくるかは，3 つ目の天体の性質や初期条件に大きく依存して一般には何も言えないのだ．以上を定理としてまとめておく.

定理 1.6[10] ベクトル場 $f(x)$ が不動点 p を持つとする．点 p における f のヤコビ行列 $Df(p)$ について，

(i) すべての固有値の実部が負であれば，p は漸近安定である．すなわち p の十分近傍に初期値をとる限り，任意の解は $t \to \infty$ で p に収束する．

(ii) 実部が正の固有値が存在するとき，p は不安定である．すなわち p から離れていく解が存在する．

(iii) 定理 1.5 の (iii) の場合はヤコビ行列だけでは流れが決まらず非線形項の影響があり，問題ごとに個別の議論が必要となる．

例 1.1″ 単振り子の方程式 (1.6) の右辺の一般の点におけるヤコビ行列は

$$Df(x) = \begin{pmatrix} 0 & 1 \\ -\dfrac{g}{l}\cos x & 0 \end{pmatrix}$$

で，その固有値は $\lambda = \pm\sqrt{\dfrac{-g}{l}\cos x}$ である．不動点は $(x, v) = (0, 0), (\pi, 0)$ であった．後者の倒立状態の場合は固有値は $\lambda = \pm\sqrt{g/l}$ であり，実部正の固有値が存在するのでこれは不安定である．一方，$(x, v) = (0, 0)$ の場合は固有値は $\lambda = \pm i\sqrt{g/l}$ で純虚数なので定理 1.6 (iii) のケースに相当し，この議論だけでは流れを決定することができないので別の手段が必要である．この問題の場合には，幸いにしてエネルギー保存則が使える．すなわち，

$$\frac{1}{2}v^2 - \frac{g}{l}\cos x = E \qquad (\text{定数})$$

なので，様々な値の E に対してこの式が定義する曲線を (x, v) 平面にプロットしたものがそのまま相図になる．手計算でもある程度は分かるが，コンピュータを使ってプロットすると以下の相図が得られる．

---

10) より強く，次の定理が知られている (証明は [2])：
　　ハートマン-グロブマンの定理　与えられた力学系 (1.16) の不動点におけるヤコビ行列が虚軸上に固有値を持たないとき，その不動点の近傍で定義されたある座標変換が存在して力学系の流れを線形微分方程式 (1.18) の流れに変換できる．要するに，虚軸上に固有値がなければ非線形項は流れの定性的な様子に影響しないということ．

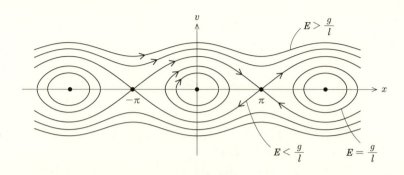

$E < g/l$ のとき，すなわちエネルギーが小さいときには振り子は不動点 $(0,0)$ まわりの振動解である．$E > g/l$ のときには振れ角 x が単調増大している．これは大車輪のごとく回転する解である．ちょうど境目の $E = g/l$ のときは，倒立状態 $(-\pi, 0)$ からスタートして，1回転ののちに再び倒立状態 $(\pi, 0)$ に戻ってくる解である (実験で実現するのはほぼ不可能であろう)．このように不動点と不動点を結ぶ解を**ヘテロクリニック軌道**という．実験で実現するのは困難だが，ヘテロクリニック軌道は定性的に異なる2つの軌道を隔てており (この場合は振動解と大車輪解)，相図の骨格のような役割を果たすので理論上はとても重要だ．またこの図から，非線形項こみで考えても不動点 $(0,0)$ は中立安定であることが分かる．$(\pi, 0)$ のほうは1.3節の図でいうところの (4) 鞍点 になっている．つまりある方向には吸引的で，ある方向には反発的．これはこの点まわりの固有値が正のものが1つ，負のものが1つあることから分かる．

1.6　さらに勉強するために

ポアンカレ以降，力学系理論は他の数学の分野や応用分野と絡み合いながら急速に発展し，いまやその全貌を把握するのは難しい．幾何学や代数学の手法を用いるのも常套手段となったし，物理・工学・生物などへの貢献も非常に大きい．ここでは，この論説に沿った方向，および筆者の好みという非常に狭い観点ではあるが，さらに力学系を勉強したい読者のためにいくつかのキーワードを紹介したい．紙面の都合で詳細を述べることはできないが，参考文献 [2], [4], [5] が役に立つであろう．[2] は数学専門の人向けでやや敷居が高い．[5] は応用向けで面白い応用例がたくさんあるが，数学的な記述

は乏しい. [4] は両者のバランスがよくとれた名著である.

本稿では不動点の安定性を扱った. 上で述べたヘテロクリニック軌道が力学系の骨だとすれば, 不動点は関節にあたるもっとも重要な要素である. その次に重要なのは周期軌道の存在と安定性であろう. 不動点と違い, 周期軌道はその存在を示すことが難しい. 2次元の力学系に限定されるが, **ポアンカレ-ベンディクソンの定理** は周期軌道の存在を保証する定理の1つである. あまり適用例は多くないが, 幾何学的な洞察の力学系への応用としては恰好の題材であるから多くの教科書に載っている. 次元に依らず使える最も汎用性の高い方法は**分岐理論**である.

今, パラメータ μ に依存する力学系 $dx/dt = f(x, \mu)$ があったとしよう. 力学系の流れの様子は μ の値に応じて変化する. μ を連続的に変化させてある値 μ_0 の前後で流れに定性的な変化が起きたとき, **分岐**が起きたという. 例えば例 1.2 の場合は摩擦係数 2μ がパラメータである. $\mu > 0$ のときは不動点 $(x, v) = (0, 0)$ は漸近安定, $\mu = 0$ のときは中立安定, $\mu < 0$ のとき (物理的には起こらないが) は不安定であるから, $\mu = 0$ の前後で定性的な変化が起きている.

別の重要な例として, 次の 1 次元力学系を見てみよう.

$$\frac{dx}{dt} = \mu x - x^3 = x(\mu - x^2)$$

容易に分かるように, $\mu < 0$ のときには不動点は $x = 0$ のみであるが, $\mu > 0$ のときには不動点は $x = 0, \pm\sqrt{\mu}$ の 3 つである. μ を連続的に大きくしていくとき, $\mu = 0$ において不動点 $x = 0$ から別の 2 つの不動点が "分岐" してくる (各々の不動点の安定性を調べてみよう). このような現象を詳細に調べて分類するのが分岐理論である. 分岐のタイプの 1 つとして**ホップ分岐**がある. これはパラメータを変化させたときに 1 つの不動点から周期軌道が分岐する現象である. これにより周期軌道の存在とその安定性が示せる.

力学系のパラメータ μ を動かせば, もちろん不動点におけるヤコビ行列の固有値 $\lambda = \lambda(\mu)$ もそれに応じて連続的に変化する. 分岐は, 固有値 $\lambda(\mu)$ が虚軸を横切る瞬間に起きる. 今, あるパラメータにおいてすべての固有値の実部が負であるとしよう. 定理 1.6 (i) より不動点は漸近安定である. パラメータをほんの少し動かしても固有値はほんの少ししか動かないので, やはり実部は負のままであり, 流れの定性的な変化は起きない. ところがパラ

46   第 1 章　力学系理論の基礎

メータを大きく動かしていくつかの固有値が虚軸をまたぎ，実部が正になる
と定理 1.6 (ii) より不動点は不安定になるので，流れの定性的な変化が起き
る．すなわち，固有値が虚軸をまたぐ瞬間に分岐が起こると推察される．逆
に言えば，分岐に寄与するのは虚軸上にある固有値だけである．この点に着
目して力学系の次元を落とすことができる．今，パラメータに依存する n 次
元力学系 $d\boldsymbol{x}/dt = \boldsymbol{f}(\boldsymbol{x}, \mu)$ とその不動点について，$\mu = \mu_0$ のときに $k(< n)$
個の固有値が虚軸上にあるとしよう．このとき，これらの固有値が張る固有
空間 (**中心部分空間**という) に力学系を射影することができ，k 次元力学系に
落とすことができる．分岐はこの k 次元空間内で起きている．大抵の場合は
$k = 1$ とか 2 であるから，直接解析可能である．この手法を**中心多様体縮
約**といい，高次元の力学系に対して周期軌道の存在を示すための常套手段で
ある．

　本稿ではあまり工学的応用を挙げることができなかったが，多くの物理法
則が微分方程式であるゆえ，力学系理論の考え方は様々な場面で威力を発揮
する．例えば制御工学の目標は対象を思い通りに動かすことであるが，最も
基本的な問題は不安定な不動点の安定化である．振り子の倒立状態 $(x, v) =$
$(\pi, 0)$ は不安定であったが，この方程式にうまく外力を加えることで安定な
不動点にすることができる (倒立状態から振り子が右に倒れようとすれば，
支点を右に動かす感じ)．航空機や宇宙機は，系を支配する基礎的な運動方
程式に系の状態に応じた適切な外力 (燃料による推進力など) を与えること
で安定に運用されている．流体の流れを表すナビエ-ストークス方程式，量
子力学の基礎方程式であるシュレディンガー方程式，化学反応の方程式など
は偏微分方程式であるが，これらを無限次元空間上の力学系とみなして研究
するのも今では普通となった．最近では医学・生物学への応用もめざましい
(脳の神経細胞の周期運動，血流の流れ，骨の発達 etc...)．"定性的"なもの
の見方とは問題の本質を見抜こうとする見方であり，問題の本質をきちんと
した論理の言葉で記述するのが数学の役割である．近年，計算機の発達や観
測・実験技術の進歩により我々が手にすることができるデータ量は爆発的に
増えているが，その分，雑多で意味のないデータも当然増えてしまう．そこ
から本質的な情報を取り出すのが数学だと感じてほしい．

参考文献

[1] 伊藤秀一，『常微分方程式と解析力学』(共立講座 21 世紀の数学)，共立出版，1998.

[2] C. ロビンソン (国府寛司，柴山健伸，岡宏枝 訳)，『力学系 (上，下)』，シュプリンガー・フェアラーク東京，2001.

[3] 千葉逸人，『これならわかる 工学部で学ぶ数学』(新装版)，プレアデス出版，2009.

[4] Morris W. Hirsch, Stephen Smale, Robert L. Devaney (桐木紳，三波篤郎，谷川清隆，辻井正人 訳)，『Hirsch・Smale・Devaney 力学系入門——微分方程式からカオスまで』，共立出版，2017.

[5] Steven H. Strogatz (田中久陽，中尾裕也，千葉逸人 訳)，『ストロガッツ非線形ダイナミクスとカオス』，丸善出版，2015.

第2章

現象数理

薩摩順吉
武蔵野大学工学部

2.1 はじめに

現象数理という言葉は最近よく使われるようになった．まず，自身の経験に基づいて，その言葉に対する私見を述べたい．

筆者が京都大学工学部数理工学科を卒業したのは，今から半世紀前であった．数理工学科の先生方のご出身は，工学部の機械，電機，航空や，理学部の数学，物理など多岐にわたる．そうした先生方から学んだ内容の一つが，主に物理系に対する現象数理であった．工学に必要な流体や電磁気に関する現象の数理的な取り扱いである．必要な道具は解析学といってよい．もう一つの内容は自動制御や計画工学などに対する数理的構造を明らかにする構造数理である．この取り扱いには代数的な考え方が必要となる．現象数理と構造数理を学ぶことが数理工学科の教育の二本柱といってよい．もちろんコンピュータに関する計算数理はそれらのベースとしてしっかり教育されていた．

こうした経験を生かしたのが，4半世紀前東京大学大学院数理科学研究科が設立された際に，カリキュラムの構築に参画したときである．数理科学研究科の教員は代数班，幾何班，解析班，応用班の4つのグループに所属していたが，筆者は応用班からの代表として，議論に加わった．その際に応用系の科目として提案したのが，現象数理，構造数理，統計数理の3つである．統計数理を加えたのは，応用班には確率論・統計学の研究者がいるだけでなく，その当時から統計的取り扱いの重要性が認識されるようになったからである．3つの数理のうち現象数理は，現在でも理学部数学科，大学院数理科学研究科の開講科目となっている．

2.1 はじめに   49

　もう一つ，現象数理を用いたのは，5年前設立に加わった武蔵野大学工学部数理工学科においてである．数理工学科を卒業した人間として，喜んでスタッフに加わった．学科の設立趣旨では，現象数理，構造数理，統計数理を教育の柱として掲げた．幸いその効果もあり，2019年無事一期生を出すことができた．卒業生の1/3が大学院に進学することができたのは誇りの一つである．

　歴史的に見たとき，現象数理の対象は当初主に物理であった．力学系の問題から，流体，電磁気へとその内容は発展していく．数理という言葉は数学と物理という意味でも使われるが，その時代には当たり前のものであった．数学と物理は決して対立関係にあるわけではないのである．コンピュータの実用化とあいまって，現象数理の対象は拡がっていく．生物現象，社会現象とその拡がりは留まることを知らない．

　本稿ではまず，2.2節で現象数理の基礎となる数理モデルの考え方について，簡単な例で説明する．現象数理で最も大切なことは，数理モデルの解を見ることである．得られた解をもとに現象のふるまいを理解するのである．

　コンピュータの登場は解析手法に大きな変化をもたらした．これまで連続解析，すなわち，微積分による解析が最も一般的な手法であった．しかし，連続解析では本質的な解が得られないことがある．2.3節では，簡単な生物モデルであるロジスティック方程式を例に挙げ，離散的な解析の重要性を指摘する．

　ロジスティック方程式は非線形である．非線形問題はきわめて奥が深い．筆者は数理工学科では，流体力学を専門とされていた山田彦児先生の下で卒業論文の指導を受けた．大学院博士前期課程に進学してから，流体力学の中でも難解な乱流理論を研究テーマとしたが，ほとんど成果を上げることができなかった．山田先生の後に教授になられた上田顕先生の指導の下に，乱流拡散の問題を少し考えただけである．しかし，博士後期課程に進んでからは，上田先生が助教授として招聘された矢嶋信男先生に指導を受け，非線形波動の研究をスタートした．内容が自分の肌にあったため，この研究ではいくつかの成果を上げることができ，今日に至るまで主な研究対象としている．2.4節では現象数理の一例として非線形波動の問題を考え，新しい解析手法の提案に至る経緯を述べる．

50   第 2 章　現象数理

最近，非線形波動の研究から派生して，社会現象の一つである交通流の問題に興味を持つようになった．最後の 2.5 節では，生物現象のモデルであるいくつかの非線形方程式を紹介した後，交通流のモデルとなるある非線形差分方程式を提案し，方程式の持つ興味ある構造を紹介する．

2.2　解析の基礎

もっとも簡単な数理モデルの一つはマルサスの法則である．この法則は，18 世紀の終わりにマルサスが著した「人口論」の中で論じられている．このモデルをまず漸化式で表してみよう．

いま，ねずみの増殖を考える．ある月 (n とする) のねずみの数を a_n で表す．次の月のねずみの数は a_{n+1} である．ひと月あたりのねずみの増加率 (増殖率) を α と書くと，ねずみの増えかたは漸化式

$$a_{n+1} - a_n = \alpha a_n \tag{2.1}$$

で表すのが妥当であろう．すなわち，1 か月のねずみの数の増え高はその月のねずみの数に比例すると考えてよい．この式がねずみ増殖の簡単な数理モデルである．この漸化式の解は，たとえば $n = 0$ のときのねずみの数を $a_0 = c$ とすると，$a_n = (1 + \alpha)^n c$ で与えられる．この解は複利計算の元利合計と同じものである．すなわち，元金を c，利率を α としたとき，n か月後の元利合計はこの解で表される．

さて，このモデルでは時間間隔を 1 か月にとったが，任意の数 Δt にしてみよう．時刻 t におけるねずみの数を $u(t)$ と書き直すと，漸化式は

$$u(t + \Delta t) - u(t) = \alpha \Delta t u(t) \tag{2.2}$$

の差分方程式の形で表すことができる．漸化式と差分方程式には本質的な違いはない．差分方程式の解は漸化式と同様，$u(t) = (1 + \alpha \Delta t)^n u(0)$ と表される．差分方程式の形に表したのには訳がある．私たちが高校から学んできた微分を用いて式を表したいからである．すなわち，差分方程式で $\Delta t \to 0$ の極限をとると，

$$\frac{\mathrm{d}u(t)}{\mathrm{d}t} = \alpha u(t) \tag{2.3}$$

の微分方程式が得られる．微分方程式の解は差分方程式の解の極限をとった $u(t) = \mathrm{e}^{\alpha t} u(0)$ である．

数理モデルを作るとき，まずは漸化式のように離散的に思考するのではないだろうか．それではなぜ微分方程式を導入するのか．一つの理由は微分方程式のほうが，解の表現が簡単であるからである．これまで微分方程式の解として，さまざまな関数が作られてきた．もっとも重要な関数がすぐ上で得た指数関数 e^t である．この関数は定数係数線形微分方程式の解空間の基底となる．

もう一つの大きな理由は，ニュートン以来，物理の運動法則が微分を用いて表されたからである．運動法則の 2 番目のものは，「質量 m の質点に力 F が働くとき，その質点は力の方向に等加速度運動をし，加速度は F/m に比例する」と表される．一次元の運動を考え，変位を $x(t)$ と書くと，加速度は $\mathrm{d}^2x/\mathrm{d}t^2$ となり，運動方程式は

$$m\frac{\mathrm{d}^2}{\mathrm{d}t^2}x(t) = F \tag{2.4}$$

のように，2 階の微分方程式で与えられる．物理現象のうち，力学系は上式を基本として解析が行われる．簡単な例として，ばねの単振動では，フックの法則にしたがって，ばね定数 k に対して $F = -kx$ とし，微分方程式の解を求めればよい．この場合，解はどんな初期値に対しても三角関数を用いて表されることになる．なお，最近の科学史研究で，運動法則を最初に提出したのはニュートンではなくフックであるとの指摘がなされている．

18 世紀後半から，微積分による解析は多変数関数を対象とする場の問題へと拡張される．すなわち，流体力学，弾性体力学，熱学，電磁気学へと対象は拡がっていくが，そのためには偏微分方程式を導入する必要がある．以下では 3 つの代表的な線形偏微分方程式である拡散方程式，調和方程式，波動方程式について，それらの意味するところを分かりやすく説明していく [1], [2].

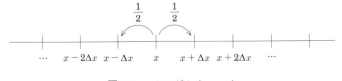

図 **2.1** ランダムウォーク

まず，拡散方程式のでどころを考えよう．図 2.1 のように，x 軸上間隔

Δx ごとにおかれた点を Δt の時間間隔で移動する物体 $u(x,t)$ を考える．ただし，物体は 1 回の移動で必ず隣の点に行くとし，物体が右に行く確率と左に行く確率は等しく 1/2 であるとする．この移動過程は

$$u(x, t + \Delta t) = \frac{1}{2}\{u(x - \Delta x, t) + u(x + \Delta x, t)\} \qquad (2.5)$$

と表すことができる．時刻 t に $x - \Delta x$ にいたものの半分と，$x + \Delta x$ にいたものの半分が時刻 $t + \Delta t$ に点 x に来るというわけである．

この数理モデルはランダムウォーク，または日本語で酔歩と呼ばれている．簡単な例としては生き物がえさを求めて，でたらめに動き回るさまを考えればよい．

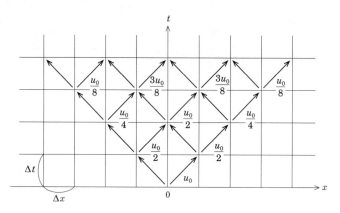

図 **2.2**　 2 項分布に従う解

ランダムウォークの解は図 2.2 のようになる．例えば時刻 $t = 0$ に点 $x = 0$ に u_0 個物体があったとする．時間とともに，解は 2 項分布に従って広がっていく．(2.5) 式は線形方程式なので，解の重ね合わせが可能である．時刻 $t = 0$ に u が空間的に分布しているときにも，各点から発展した解を足し合わせればよい．

(2.5) 式で，$\Delta x, \Delta t$ が小さいとして，各項をテイラー展開すると，

$$\frac{\partial u(x,t)}{\partial t} = \frac{1}{2}\frac{(\Delta x)^2}{\Delta t}\frac{\partial^2 u(x,t)}{\partial x^2} + \mathcal{O}\left(\Delta t, \frac{(\Delta x)^4}{\Delta t}\right)$$

が得られる．ところで，Δx は 1 回の移動で動く距離，$\Delta x/\Delta t$ は移動の速さである．その積が一定値 $(= 2D)$ となるように尺度 $\Delta x, \Delta t$ を選び，とも

に 0 にいく極限をとる．すると上式から

$$\frac{\partial u(x,t)}{\partial t} = D\frac{\partial^2 u(x,t)}{\partial x^2} \tag{2.6}$$

が得られる．この式を拡散方程式という．

拡散方程式は名前の通り，ものが広がっていくさまを表す．方程式の解は，差分方程式であるランダムウォークの解の連続極限をとればよい．初期値が一点だけ 0 でなく，他のすべての点で 0 であるとき，解は 2 項分布の極限である正規分布の形で発展していく．ただし，連続変数で一点だけで 0 でない関数を考えるためには，デルタ関数を持ち込まなければならないことを注意しておく．また，ランダムウォークではある点にいた物体は有限速度で拡散していくが，連続極限をとった拡散方程式の解は瞬時に無限まで拡散するという結果を与える．近似として得た偏微分方程式は非現実的な解を与えることもあるのである．

離散的なランダムウォークとそれに基づく拡散方程式は，現象解析に大きな役割を果たした．3 つの例を挙げておこう．まず 19 世紀初頭，フーリエは物体中の熱伝導現象を記述するものとして拡散方程式を提出した．彼は現在フーリエ級数と呼ばれる形で解を表したが，この級数は今でも現象解析に重要な道具である．次はアインシュタインが 1905 年に発表したブラウン運動の理論である．ブラウン運動とは液体のような媒質中に浮遊する微小粒子の運動のことをいう．数理工学科の助手をしていたとき，学生とのセミナーでアインシュタインの論文を読んだが，その創意性に感動したことを覚えている．ブラウン運動の理論は統計物理の発展に大きな影響を与えたものである．最後は 20 世紀後半にブラックとショールズによって与えられたデリバティブ価格付けの理論である．青山学院大学物理数理学科に勤めていたとき，やはり学生と一緒に勉強したが，物理モデルと思っていたものが経済現象にも役立つものだと感心した記憶がある．

さて，ランダムウォークを 2 次元に拡張した式，

$$\begin{aligned} u(x,y,t+\Delta t) = \frac{1}{4}\{&u(x-\Delta x,y,t) + u(x+\Delta x,y,t) \\ &+ u(x,y-\Delta y,t) + u(x,y+\Delta y,t)\} \end{aligned} \tag{2.7}$$

を考えよう．

この場合，図 2.3 のように上下左右に各物体が移動する確率を 1/4 とする

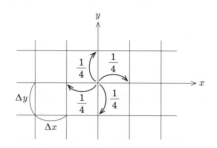

図 **2.3** 2 次元ランダムウォーク

のである.この差分方程式の解の挙動は 1 次元のときと定性的に変わらない.やはり 2 次元の 2 項分布に従って u は時間発展していく.

(2.7) で u が t によらないとしよう.すなわち定常状態を考えるのである.すると,

$$u(x,y) = \frac{1}{4}\{u(x-\Delta x, y) + u(x+\Delta x, y) \\ + u(x, y-\Delta y) + u(x, y+\Delta y)\} \tag{2.8}$$

が得られる.この式はある点の u の値は上下左右 4 つの点の u の値の算術平均になっていることを表している.すなわち,きわめて調和のとれた状態であることを示した式である.

(2.5) 式同様,$\Delta x, \Delta y$ が小さいとして,各項をテイラー展開すると,

$$\Delta u(x,y) = \frac{\partial^2 u(xy)}{\partial x^2} + \frac{\partial^2 u(x,y)}{\partial y^2} = 0 \tag{2.9}$$

が得られる.この式はラプラス方程式もしくは調和方程式と呼ばれ,電磁気学,流体力学などの分野で定常状態を表す方程式として用いられる.この方程式に関しては「境界を含む有界領域で連続な解 u はその最大値・最小値をつねに境界上でとる.最大値・最小値が内部にあるのは u が定数のときに限る」という最大値原理の成り立つことが知られている.しかし,この事実はもととなった差分方程式 (2.8) のもつ性質を考えれば明らかなことであるだろう.

この節の最後に,波の伝搬を考えよう.波とは情報などが変化せずに伝わる現象のことをいう.

図 2.4 のように空間を x,時間を t として,xt 平面に格子を刻み,まず

$$u(x, t + \Delta t) = u(x - \Delta x, t) \tag{2.10}$$

という自明ではないがもっとも簡単な差分方程式を考える．この式は図2.4に示されているように，ある点の情報が $\Delta x/\Delta t$ の速さで，右向きに伝わっていることを意味している．

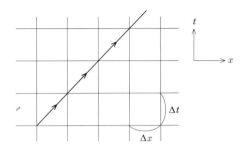

図 **2.4** 波の伝搬

前と同様，$\Delta x, \Delta t$ が小さいとし，$c = \Delta x/\Delta t$ が有限であるとして，x, t についてテイラー展開すると，

$$\frac{\partial u(x, t)}{\partial t} = -c \frac{\partial u(x, t)}{\partial x} + \mathcal{O}(\Delta t, c\Delta x) \tag{2.11}$$

が得られる．ここで，$\Delta x \to 0$, $\Delta t \to 0$ の極限をとると，

$$\frac{\partial u(x, t)}{\partial t} + c \frac{\partial u(x, t)}{\partial x} = 0 \tag{2.12}$$

の1階偏微分方程式を得る．この方程式は f を任意関数として，

$$u(x, t) = f(x - ct) \tag{2.13}$$

の解をもっている．差分方程式同様，どんな初期値から出発しても形を変えずに，右向きに伝わる波を表しているのである．

こうした結果をふまえ，

$$u(x, t + \Delta t) + u(x, t - \Delta t) = u(x + \Delta x, t) + u(x - \Delta x, t) \tag{2.14}$$

という差分方程式を考えよう．この式の左辺第1項と右辺第2項，左辺第2項と右辺第1項を組として取り出せば，右向きに伝わる波を表す．また，左辺第1項と右辺第1項，左辺第2項と右辺第2項を組として取り出せば，左向きに伝わる波を表す．この式で，やはり $c = \Delta x/\Delta t$ とし，$\Delta x \to$

56 第2章 現象数理

0, $\Delta t \to 0$ の極限をとると，

$$\frac{\partial^2 u(x,t)}{\partial t^2} = c^2 \frac{\partial^2 u(x,t)}{\partial x^2} \tag{2.15}$$

の偏微分方程式を得る．この方程式が波動方程式と呼ばれるものである．この方程式は一般解として，ダランベールの解

$$u(x,t) = f(x - ct) + g(x + ct) \tag{2.16}$$

(ただし f, g は任意関数) をもつことが知られているが，これまでの議論からその理由は明らかであるだろう．

　以上大学で学ぶ現象解析の基礎となる方程式を駆け足で見てきたが，すべての場合，もとの数理モデルは簡単な差分方程式であることをもう一度指摘しておきたい．あくまで，モデルは離散的に考えた差分方程式であり，微分方程式はそれらの極限として得られたものなのである．

2.3　非線形問題

　前節で取り扱った方程式は差分，微分にかかわらず，すべて線形であった．すなわち従属変数についてすべて1次の式であった．しかし，現象によっては非線形が必要となることがある．さらに，科学技術の発展に伴って，応用上積極的に非線形性を導入しなければならない場合もある．

　たとえば，弾性体であるばねについても，前節で変位と力が比例する，すなわち線形関係にあるといったが，大変形する場合にはその関係が崩れる．大学の数学教育ではほとんど線形系しか取り扱わない．物理でも然りである．以前東京大学教養学部でばねの非線形性を講義したことがある．講義の後の感想文で，少なくない数の学生がばねが非線形になることに気づいていなかったことを指摘していた．生物に関する現象を扱うときにも，非線形性を必然的に導入しなければならない．ある個体と別の個体の間には相互作用が生じると考えるのが自然だからである．

　ここでは，簡単ではあるが応用上重要な非線形方程式を紹介することにする．微分方程式

$$\frac{du(t)}{dt} = \alpha\{1 - \beta u(t)\}u(t) \tag{2.17}$$

をロジスティック方程式という．この式は (2.3) をねずみの増殖モデルと考えたとき，増殖率が一定でなく，混雑してくればストレスなどによって増殖

率 α が低下するという効果をとり入れたものである．β を混雑定数ということがある．(2.3) の解は指数関数で与えられた．ねずみの数は，時間とともに指数関数的に増加するというもので，時間がたつにつれて現実的でなくなる．そこでより現実に近い数理モデルとして，ロジスティック方程式が提案されたのである．ロジスティックとは兵站，すなわち軍隊における輸送・宿舎・糧食と訳されるが，いま風の言葉では物流といえばよい．

ロジスティック方程式は，非線形ではあるが変数分離法を用いて解けるものである．初期値を $u(0) = u_0$ と書くと，解は

$$u(t) = \frac{u_0}{\beta u_0 + (1 - \beta u_0)e^{-\alpha t}} \tag{2.18}$$

で与えられ，結果をグラフで描くと図 2.5 のようになる．

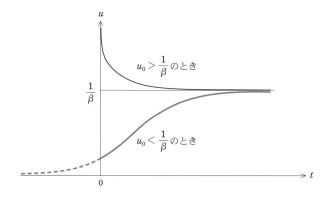

図 **2.5** ロジスティック方程式の解

初期値 u_0 が $1/\beta$ より小さいとき，解は t とともに下から $1/\beta$ に近づく．u_0 が $1/\beta$ のときは解は u_0 のままである．u_0 が $1/\beta$ より大きいときは，解は上から $1/\beta$ に近づく．解のうち，下から $1/\beta$ に近づくものを S 字状曲線ということがある．この曲線は応用上重要なものである．以前ある化学会社を訪問したとき，この曲線は新製品の売れ行きをきわめてよく表していると教えてもらった．すなわち，方程式には初期値 u_0，増殖率 α，混雑係数 β の 3 つのパラメータが含まれているが新製品の発売月，1 か月後，2 か月後の売れ行きでそれらのパラメータを定めたとき，それ以降の売れ行きは S 字状曲線によく一致するということである．ロジスティック方程式は簡単な数

58   第2章　現象数理

理モデルであるけれども，物流の世界ではきわめて役立つ式なのである．

　解 (2.18) は非線形方程式の解がもつ特徴を如実に示している．線型方程式の解の時間変化のようすは初期値によらないが，非線形の場合には初期値に応じて解のふるまいが異なる．この事実が非線形問題の解析を困難なものとしている．

　ロジスティック方程式はもう一つ解析にかかわる大きな問題を投げかけた．以下に示すように新しい数理概念を生み出したのである．

　微分方程式 (2.17) のもととなる差分方程式

$$u(t + \Delta t) - u(t) = \alpha \Delta t \{1 - \beta u(t)\} u(t) \tag{2.19}$$

を考えよう．極限 $\Delta t \to 0$ をとると，この式は確かに (2.17) に移行する．解はどうであろうか．$u(0) = u_0$ を与えたとき，$u(\Delta t), u(2\Delta t), \cdots$ をつぎつぎ計算していくことができる．しかし，$u(n\Delta t)$ を解 (2.18) のように書き下すことができない．そこで，解のふるまいを図式的にとらえるために，差分方程式を漸化式の形に書き直す．

　式 (2.19) で，まず $t = n\Delta t$ と書き，新しい変数 x_n を

$$x_n = \frac{\alpha \beta \Delta t}{1 + \alpha \Delta t} u(n\Delta t)$$

で定義する．このとき，$a = 1 + \alpha \Delta t$ とすると，差分方程式は

$$x_{n+1} = f_a(x_n) = a(1 - x_n)x_n \tag{2.20}$$

と書ける．これは x_n を x_{n+1} に移す写像であり，ロジスティック写像ということがある．

　図 2.6 は $y = f_a(x)$ を用いて x_0 から $x_1, x_2, \cdots$ を求めるやり方と，その結果得られた x_n の n についての変化を表している．この場合，x_n は周期 2 の振動状態にあることが見てとれる．こうした解は差分方程式の近似として得られた微分方程式では決して見られないものである．$a = 1 + \alpha \Delta t$ が 1 に近いとき，すなわち差分間隔 Δt がそれほど大きくないとき，漸化式は微分方程式の解に近いものを与えるが，Δt を大きくしていくと，違う種類の解を与えるのである．とくにロジスティック写像では a が $3.57 \cdots$ を越えると，解の様相は大きく変わる．図 2.7 は $a = 4.0$, $x_0 = 0.3$ のときの解の変化を表したものである．

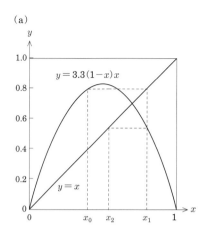
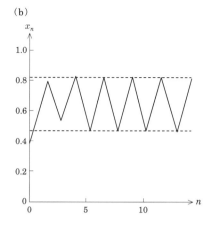

図 2.6 ロジスティック写像
(a) $a = 3.3$ のときの写像の結果　(b) $x_0 = 0.4$ のときの x_n の変化

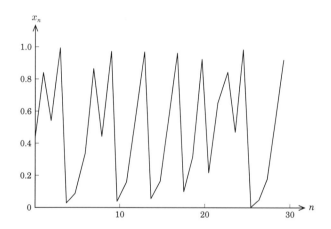

図 2.7 カオス状態：$a = 4.0$ のときのロジスティック写像の結果

この場合，x_n の挙動はきわめて不規則である．また，x_0 を少しでも変えると，解のようすは大きく変化することがわかる．初期値によってどんな周期の解も現れるし，また周期をもたない解も現れる．こうした解のふるまいはカオスと名付けられその後の現象解析に大きなインパクトを与えた．

筆者は，イギリスの数理生態学者メイが成し遂げたこの研究成果を，学生

60   第 2 章 現象数理

時代数理工学科におられた山口昌哉先生の講演で初めて知り，大きな感銘を
受けた．非線形の面白さと，離散系の重要性を強く認識したのである．

2.4   非線形波動

現象数理の代表的なものの一つが流体力学である．流体力学で最も大切な
方程式がナビエ-ストークス方程式であり，非圧縮性粘性流体に対して，

$$\frac{\partial \boldsymbol{v}}{\partial t} + (\boldsymbol{v} \cdot \nabla)\boldsymbol{v} = -\frac{1}{\rho}\nabla p + \nu\Delta\boldsymbol{v} \tag{2.21}$$

と書かれる．ただし，$\boldsymbol{v}$ は 3 次元速度場，ρ は密度，ν は粘性係数である．
たとえば水の流れの場合，この方程式と連続の式

$$\nabla \cdot \boldsymbol{v} = 0 \tag{2.22}$$

を連立させて解けば流れのようすがわかる．200 年前にこの方程式が提出さ
れて以来，多くの科学者がこの方程式を研究の対象としてきた．実用的にも
重要である．気象などの予測だけでなく，たとえば，走行時に車が受ける抵
抗などがこの式に基づいて計算される．

しかし，慣性項と呼ばれる左辺第 2 項の非線形性のために，解析はきわめ
て困難である．自動車会社では，以前は風洞を使って，車が受ける抵抗を実
験的に求めていたが，コンピュータの高速化により，現在では数値シミュ
レーションによってナビエ-ストークス方程式を解き，抵抗を計算している．

2.1 節で，筆者は流体力学研究を志したと述べた．大学院生時代，流体力
学の研究集会に参加させてもらっていたが，研究集会の重苦しさをいまでも
覚えている．ナビエ-ストークス方程式がすべてであり，カオスの話をした
研究者が厳しく批判されている姿を見て，素人ながら大変な場所だと感じ
た．自身もナビエ-ストークス方程式の研究をはじめて，その難しさを痛感
した．

そこで非線形波動に研究対象を変更する．非線形波動も流体力学だという
人もいるかもしれないが，筆者にとってはまったく違う分野である．ひたす
ら計算をしていたら，結果が見えてくる対象であった．

筆者が主に対象としたのは，ソリトンである．ソリトンとは非線形分散媒
質中を伝わる安定な孤立派のことをいう．1965 年ザブスキーとクラスカル
がコルテヴェーク-ド・フリース (KdV) 方程式

$$\frac{\partial u}{\partial t} + 6u\frac{\partial u}{\partial x} + \frac{\partial^3 u}{\partial x^3} = 0 \tag{2.23}$$

の数値シミュレーションを行い，波の波数を k として，

$$u(x,t) = 2k^2 \mathrm{sech}^2 k(x - 4k^2 t) \tag{2.24}$$

で与えられる孤立波が衝突に際して，安定であることを発見し，ソリトンと名付けたのである．ソリトンが安定にふるまうようすを示したのが図 2.8 である．衝突で変化するのは位相だけであり，波の形，速さ，振幅などは変化しない．

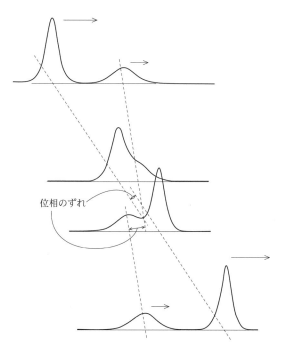

図 2.8 ソリトンの衝突

ソリトンは非線形性と分散性を考慮した系で普遍的に存在する波であり，ソリトンを解とする方程式は非線形であるにもかかわらず，逆散乱法と呼ばれる手段で，初期値問題を厳密に解くことができるという特徴をもっている．そのため津波現象などの解析によく用いられている．

ソリトンを解としてもつ方程式は KdV 方程式だけではない．ここでは，

筆者が研究に関わった方程式のうち，特徴的な3つを紹介しておこう．

非線形シュレディンガー方程式

$$i\frac{\partial u}{\partial t} + \frac{\partial^2 u}{\partial x^2} + 2|u|^2 u = 0 \tag{2.25}$$

は光ファイバーなどの光導波路を伝わる非線形波動を記述する方程式で，図2.9のような包絡ソリトンを解としてもつ．このソリトンは光ソリトンともいう．レーザー技術の進歩により，振幅の大きな光の波が出現するが，そうした波を扱うために導入されたのが非線形シュレディンガー方程式である．光通信に包絡ソリトンが使える可能性があり，活発に研究が行われた．

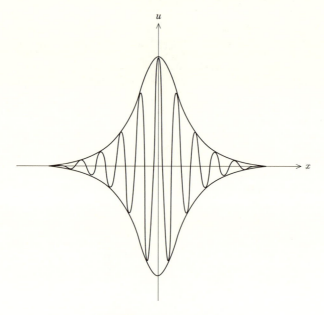

図 **2.9** 包絡ソリトン

包絡ソリトンを式で書くと，

$$u = p\operatorname{sech} p(x - 2kt)e^{i\{kx-(k^2-p^2)t\}} \tag{2.26}$$

となる．パラメータ p は波の振幅を表し，$2k$ は波の群速度を表す．1971年にザハロフとシャバットが非線形シュレディンガー方程式を逆散乱法で解く方法を提出した．筆者は矢嶋先生の指導の下，具体的に初期値を与えてその方法で解くという研究を行った [3]．最初の仕事である．その成果の一つが

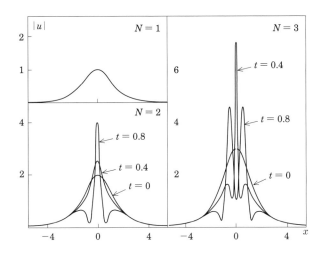

図 **2.10** 非線形シュレディンガー方程式の解

図 2.10 である．グラフは初期値 $u(x, t = 0) = N \operatorname{sech} x$ に対する解の時間発展を示している．ある意味では演習問題を解いただけである．1974 年論文として発表したが，その後 1980 年にこの解が実験で観測され，一躍脚光を浴びることになる．光ソリトンの具体形を理論的に予測したというわけである．Google Scholar によれば，その論文は 900 以上の他の研究者の論文で引用されている．現象数理の問題では，解を見ることがそれだけ重要なのである．

2 つ目の例は，KdV 方程式を 2 次元に拡張したカドムツェフ-ペトビアシュビリ (KP) 方程式

$$\frac{\partial}{\partial x}\left(\frac{\partial u}{\partial t} - \frac{1}{4}\frac{\partial^3 u}{\partial x^3} - 3u\frac{\partial u}{\partial x}\right) - \frac{3}{4}\frac{\partial^2 u}{\partial y^2} = 0 \tag{2.27}$$

の解である．この方程式はもともと x 方向に伝わる KdV 方程式のソリトン解が横 (y) 方向の擾乱を受けたときに安定かどうかを議論するために提出されたものである．

広田良吾先生によって提案された双線形化の手法を用いると，KP 方程式の特解を得ることができる [4]．図 2.11 は特解の例である．それぞれ俯瞰図が描かれている．(a) は 2 つのソリトンが平面上で相互作用しているようす，(b) は 2 つのソリトンが融合して 1 つのソリトンになる状況を示してい

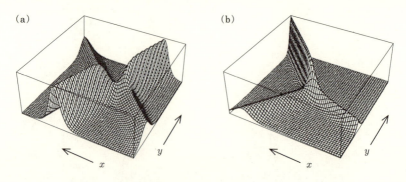

図 2.11　KP 方程式の解　(a) 2 ソリトン解　(b) 共鳴解

る．後者を共鳴解という．あくまでも特解を与えただけであるが，水の波の岸での反射など実際的な問題にも応用されている．線形の波ならば，相互作用しても単に足しあわせになるだけである．非線形の波の場合，相互作用は相手の波に影響を与える．図はそうした状況を如実に示している．

　KP 方程式は数学的構造が豊かである．京都大学数理解析研究所におられた佐藤幹夫先生たちは，KP 方程式の解と無限次元グラスマン多様体 GM の点が 1 対 1 に対応し，ほとんどすべてのソリトン方程式の解が，GM の変換群 $GL(\infty)$ の部分群の軌道として得られるという著しい結果を見出された．現在ソリトンを中心とする非線形問題は無限次元可積分系という数学の一分野を形成している．

　3 つ目の例は内部波方程式である．水中の密度が急激に変化する密度躍層という場所に存在するきわめて大きな波を記述するもので，特異積分を用いて，

$$\frac{\partial u}{\partial t} + 2u\frac{\partial u}{\partial x} - \frac{\partial^2}{\partial x^2}\left[\fint_{-\infty}^{\infty} \frac{1}{2\delta}\coth\frac{\pi}{2\delta}(x-y)u(y)dy\right] = 0 \quad (2.28)$$

と書かれる．この方程式もソリトン解を持つ．観測によると，振幅が数十メートル，波長が数キロメートルにも及ぶとのことである．海中での航行物体や油田のやぐらに影響を及ぼすということで活発な研究が行われた．

　筆者は数理工学科の助手時代に 2 度アメリカに行くというチャンスを頂き，2 度目の滞在で長期間にわたってこの方程式のソリトン解を研究し，紆余曲折の末何とか成果を上げ帰国した [5]．直後にある大学のセミナーで成

果を報告したが，質問は「方程式に含まれる特異積分について，被積分関数がどういう条件を満たせば方程式は意味を持つのか」というものだけであった．もちろん方程式は物理法則に基づいて提出された数理モデルである．本人は解が面白いと思って話をしたのに，そんな質問しかされず，意気消沈した．しかし，その1週間後に質問の内容も含めて数理解析研究所の佐藤幹夫先生のセミナーで話したところ，先生は「そんな条件などどうでもよい．解が面白かったら，条件などいくらでも拡張すればよい」とおっしゃられた．けだし金言である．現象数理を研究する人間にはそうした姿勢は欠かせないものであると考える．

ソリトンを研究対象としていると，離散的な手法がきわめて有効であることを実感する．たとえば，戸田格子方程式

$$m\frac{\mathrm{d}^2}{\mathrm{d}t^2}u(t) = \mathrm{e}^{-(u_n-u_{n-1})} - \mathrm{e}^{-(u_{n+1}-u_n)} \tag{2.29}$$

は非線形ばねをもつ格子の数理モデルであるが，現在のところ唯一の厳密に解ける非線形の運動方程式である．空間変数が離散的であるにもかかわらず，これまで紹介してきた非線形偏微分方程式と同様のソリトン解をもつ．

筆者の卒業論文のテーマは，非線形の2次元層流境界層方程式に対してオレイニクが解の存在証明に用いた差分方程式が実用的なものとして使えるかというものであった．研究のはじまりが離散系であったのである．修士論文は「乱流拡散の計算機シミュレーション」ということで，メモリー付きの2次元ランダムウォークの計算を行った．これから述べる超離散系が2番目の研究対象であったことになる．博士論文のタイトルは「非線形波動系におけるソリトン」であるが，内容のほとんどは非線形偏微分方程式の解に関するものである．したがって，卒論で離散系，修論で超離散系，博論で連続系を扱ったということになる．そうした経験から現象の解析手段は何でもよいという意識をもっている．現象をよく表すものなら何でもよいのである．解析といえば連続解析という人によく出会ったが，その主張にはまったく同意できない．

東京大学工学部物理工学科で勤務していたころ，セルオートマトンでソリトン状のパルスが観察される論文を紹介し，もっといいセルオートマトンが考えられないかと皆に問いかけた．しばらくして，助手であった高橋大輔氏

66   第 2 章　現象数理

が現在ソリトン・セルオートマトン，もしくは箱玉系と呼ばれるモデルを提案し，いろいろ検討した結果，これは本物であるということで論文を投稿した [6]．1990 年のことである．

　ソリトン・セルオートマトンとは図 2.12 のような系をいう．規則は，時刻 t の数字の列に対して，

（1）　すべての 1 をただ一度だけ動かす，

（2）　まず，一番左にある 1 をその右の最も近い 0 と入れ替える，

（3）　次に，残りの 1 のうち，最も左にある 1 をその右の最も近い 0 と入れ替える，

（4）　以上の操作をすべての 1 を動かし得るまで続ける．

図 2.12 は時間発展の一例である．数字 1 のかたまりを孤立波，その長さを波の振幅と考えたとき，

（1）　振幅と波の速さは比例し，

（2）　衝突の前後で，位相はずれるが，振幅は変わらない．

これらはソリトンの特徴であり，これは純粋にソリトン・セルオートマトンといえる系なのである．

$$
\begin{aligned}
t=0 &\quad \cdots 011100001100100000000000 \cdots \\
t=1 &\quad \cdots 000011100011010000000000 \cdots \\
t=2 &\quad \cdots 000000011100101100000000 \cdots \\
t=3 &\quad \cdots 000000000011010011100000 \cdots \\
t=4 &\quad \cdots 000000000000010110001110 \cdots
\end{aligned}
$$

図 2.12　ソリトンセルオートマトンの時間発展

　セルオートマトンは独立変数，従属変数ともに離散的であるので，超離散系と名付けた．上記の論文発表から 6 年経ったとき，時弘哲治氏，高橋大輔氏，松木平惇太氏の 3 氏と共同で，ソリトン・セルオートマトンが偏微分方程式である KdV 方程式と直接関係づけられることを示す論文を発表，以降超離散系の研究に邁進する [7]．基本的アイディアは次のようなものである．

　まず，離散時間ロトカ-ボルテラ方程式と呼ばれる差分方程式

$$
\frac{c_{t+1,n}}{c_{t,n}} = \frac{1 + \delta c_{t,n-1}}{1 + \delta c_{t+1,n+1}} \tag{2.30}
$$

を考える．この式で，$c_{t,n} = -\delta t b_n$ とおき，δt を固定しながら $\delta \to 0$ の極

限をとれば，ロトカ-ボルテラ方程式

$$\frac{\mathrm{d}b_n}{\mathrm{d}t} = b_n(b_{n+1} - b_{n-1}) \tag{2.31}$$

を得る．さらに，上式に $b_n(t) = 1 + \varepsilon^2 u(\varepsilon(n+2t), \varepsilon^2 t/3)$ を代入し，$\varepsilon(n+2t), \varepsilon^2 t/3$ を固定しながら $\varepsilon \to 0$ の極限をとると，(2.23) に移行することが確かめられる．(2.30) は連続系の KdV 方程式を生み出すもととなる差分方程式なのである．

さて，(2.30) に対する違った極限を考えよう．まず，$c_{t,n} = \mathrm{e}^{f_{t,n}/\varepsilon}$，$\delta = \mathrm{e}^{-1/\varepsilon}$ とおき，$\varepsilon \to +0$ の極限をとる．すると，(2.30) は

$$f_{t+1,n} - f_{t,n} = \max[f_{t,n-1}, 0] - \max[f_{t+1,n+1}, 0] \tag{2.32}$$

に移行する．じつは，この式は適当な変数を持ち込むと，図 2.12 で例示したソリトン・セルオートマトンと等価であることがわかる．変数 $c_{t,n}$ を $\mathrm{e}^{f_{t,n}/\varepsilon}$ でおきかえ，$\varepsilon \to +0$ ととることを超離散極限という．

以上の結果をまとめると，まず差分方程式 (2.30) がある．その式の連続極限をとると KdV 方程式 (2.23) が得られ，超離散極限をとるとセルオートマトン (2.32) が得られるということになる．偏微分方程式もセルオートマトンのどちらも差分方程式の近似式なのである．

なお，超離散極限を端的に表した式が

$$\lim_{\varepsilon \to +\infty} \varepsilon \log(\mathrm{e}^{x_1/\varepsilon} + \mathrm{e}^{x_2/\varepsilon}) = \max[x_1, x_2] \tag{2.33}$$

である．極限をとることによって，解析的な連続関数を整数値だけで閉じる関数に変換するというわけである．

超離散系は (2.32) などからわかるように，加法と順序 (max) のみからなっている世界である．代数の言葉でいうと，原始的な半体の世の中なのである．上の結果はそうした世の中にもソリトンの世界が存在していることを示したことになる．とくに重要な事実は，超離散の世界でも連続の世界でも，解の本質は変わらないということである．その後の研究において，ソリトン系でなくても同じような結果の得られることが明らかになっている．

現象解析の出発点が差分方程式で与えられる数理モデルであるとしよう．差分方程式は代数的な式であり，解を得るのは一般にきわめて困難であり，解の代数構造は複雑である．そこで連続近似をして，微分方程式を考えるわけであるが，近似で失う解もある．もう一つの近似が超離散化である．超離

68   第2章 現象数理

散化した式は加法と順序だけしか使っていないから，コンピュータにとって
は簡単に計算できるものである．超離散系が現実の現象解析に使えないだろ
うか．そうした期待をもちながら，いまでも研究を進めている．

2.5　生物現象・社会現象へ

これまで，主に物理現象について，現象数理を考えてきた．2.1節でも述
べたように，現象数理の対象は，物理現象から生物現象や社会現象に拡がっ
てきている．数理モデルを作るにあたって，物理の場合は運動法則のような
「固い」しばりがあるが，生物・社会現象の場合，マルサスの法則やロジス
ティック方程式がそうであったように，モデルにおいて現象をよく説明する
仮説を立てる必要がある．生物現象の例を見ておこう．

フィッシャーの方程式

$$\frac{\partial u}{\partial t} = u(1-u) + \frac{\partial^2 u}{\partial x^2} \tag{2.34}$$

は1930年フィッシャーが遺伝子の空間伝播を表すために提案した方程式で，

$$u(x,t) = \frac{1}{\{1 + \exp{(\pm x/\sqrt{6} - 5t/\sqrt{6})}\}^2} \tag{2.35}$$

で表される進行波解をもっている．進行波解とは一定速度で形を変えずに伝
わる波のことをいう．(2.35)で分母の±符号の＋のほうをとると，この解
は$x = -\infty$で1，滑らかに減少して$x = -\infty$で0となり，速さ5で伝播し
ている衝撃波型の波を表している．この数理モデルは，個体の拡散と増殖と
いう2つの性質をあわせもった簡単なものである．

バーガーズ方程式

$$\frac{\partial u}{\partial t} + u\frac{\partial u}{\partial x} = \frac{\partial^2 u}{\partial x^2} \tag{2.36}$$

はもともと乱流研究で用いられた方程式であるが，生物数学的には拡散効果
と移流効果を持ったモデルと考えることができる．この方程式に，コール-
ホップ変換 $u = -2\partial(\log f)/\partial x$ を施すと，$\partial f/\partial t = \partial f^2/\partial x^2$ の拡散方程式
が得られる．すなわち，コール-ホップ変換は非線形方程式を線形化する．
線形方程式の解は比較的容易に求まる．そこで，変換を用いれば，(2.36)の
解が得られるというわけである．その結果として，バーガーズ方程式も，
(2.35)と同様，衝撃波型の進行波解をもっていることがわかる．　生物現象

を考えたとき，この進行波は，たとえば左方にばったの大集団がいて，ある
速さで右方に進んでいる．集団の先頭は滑らかに減少して 0 になっていると
いうようなものを表している．

　かって，筆者はフィッシャーの方程式とバーガーズ方程式を融合した

$$\frac{\partial u}{\partial t} = u(1 - u) + u \frac{\partial u}{\partial x} + \frac{\partial^2 u}{\partial x^2} \tag{2.37}$$

という方程式を提案した．論文の中で，「この方程式が物理的意味をもつか
どうかは，現時点では不明である」という但し書き付きで，やはり (2.35) と
同様の進行波解があることを示した [8]．

　論文を書いた後，オックスフォードを訪問して，生物数学の大家であるマ
レー教授のご自宅を訪問する機会があった．上で述べた結果をお話ししたと
ころびっくりされた．彼のグループで数年にわたって同じ方程式の解の構造
の研究をすすめておられ，具体的に解が書けるとは思っていらっしゃらな
かったからである．ご自宅を離れる際，先生からこの方程式の研究内容を含
む著作を頂戴するとともに，著作の改訂版で仕事の引用をしていただいた
[9]．たとえ特解であっても，非線形方程式の陽な解を与えることは重要であ
ると実感した次第である．なお，マレー教授によれば，(2.37) は，たとえば
川の中にいる魚の運動のモデルとなる方程式だとのことである．

　もう一つ生物モデルを紹介しよう [10]．非局所非線形方程式

$$\frac{\partial u}{\partial t} - k \frac{\partial}{\partial x} \left[\int_{-\infty}^{\infty} \frac{1}{2\delta} \coth \frac{\pi}{2\delta} (x - y) u(y) dy \cdot u(x) \right] - D \frac{\partial^2 u}{\partial x^2} = 0 \tag{2.38}$$

は，集中効果と分散効果の共存する生物モデルと考えられるもので，バー
ガーズ方程式同様，線形化が可能である．積分項は集中効果を表している．
このモデルでは集中，すなわち仲間を認識する度合いは距離に依存している
のが特徴である．式 (2.38) は，$\delta \to +0$ の極限でバーガーズ方程式に移行す
るが，その極限では集中度の距離依存性はなくなる．

　線形化の手法を用いると，この方程式は興味ある解をもっていることがわ
かる．まず，パラメータ p が $0 < p\delta < \pi$ を満たすとして，

$$u_0(x; p) = \frac{Dp \sin p\delta}{\cosh p\delta + \cos p\delta} \tag{2.39}$$

が平衡解である．この平衡解を距離をおいていくつか並べるという初期条件

を考えると，その空間にわたる積分値，すなわち総面積が π 以下だと，平衡解は融合して新しい一つの平衡解に移行する．しかし，π であると無限時間で，π を超えると有限時間で爆発する．初期値に依存して解のふるまいが異なるのである．とくに，爆発する厳密解というのは面白い結果だと思っている．

生物現象のモデルを立てるとき，比較的気軽に規則を定めることができる．モデルが現象をよくあらわしていれば，どんな規則でもよいのである．この節で取り上げたモデルが，いつか役立つことを期待しているところである．

数理工学科の卒業生と話をすると，「電気工学科や機械工学科と違って，我々はある専門的な知識を得たのではない．方法論を学んだだけである」と，お互い納得することがある．しかし，現在のような多様化の時代にはそれはよかったことであると思う．何かの専門家ではないということは，逆に何でもできるということである．新しいことをやるのに壁がないのである．

武蔵野大学工学部数理工学科が立ち上がって 3 年たった 2018 年度，4 人の学生の卒業論文を指導することになった．同僚の一人に交通流の専門家がいるので，渋滞問題に興味を持ったのであるが，忙しさのためにほとんど研究討論ができていなかった．そこで，一人の学生東康平氏が東京大学大学院数理科学研究科に入学が決まったときから，二人で渋滞の研究を始め，毎週のように議論した．

最初のアイディアは，認識距離の効果が入る (2.38) を使おうというものであったが，何せ二人とも素人であるので，一から考えようということになり，見出したのが次のような数理モデルである．

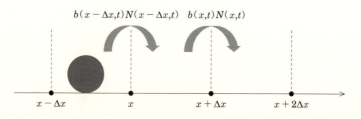

図 **2.13**　区間を移動する車の台数

2.5 生物現象・社会現象へ

道路を 1 次元空間とみなし,図 2.13 のように道路を幅 Δx の区間にわけ,時刻 t に区間 $x \sim x + \Delta x$ に存在する車の台数を $N(x,t)$ とする.また,時間 Δt が経過したとき,次の区間 $x + \Delta x \sim x + 2\Delta x$ に進む車の割合を $b(x,t)$ とする.このとき,時刻 $t + \Delta t$ に区間 $x \sim x + \Delta x$ に存在する車の台数は

$$N(x, t + \Delta t) = N(x,t) - b(x,t)N(x,t) + b(x - \Delta x, t)N(x - \Delta x, t) \quad (2.40)$$

と表される.

各区間で収容可能な車の最大台数を $N_{\max}$ とする.区間 $x + \Delta x \sim x + 2\Delta x$ に車が存在しなければ,$b(x,t) = 1$,車が $N_{\max}$ 台存在すれば,$b(x,t) = 0$ とし,この 2 つの条件を満たす最も簡単な関数として

$$b(x,t) = 1 - \frac{N(x + \Delta x, t)}{N_{\max}} \quad (2.41)$$

を採用する (図 2.14).

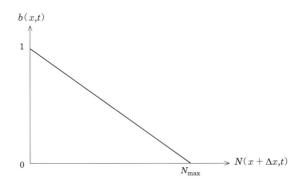

図 **2.14** $b(x,t)$ の関数形

関数 (2.41) を (2.40) に代入すると,

$$N(x, t + \Delta t) = N(x - \Delta x, t) + \frac{N(x,t)}{N_{\max}}(N(x + \Delta x, t) - N(x - \Delta x, t)) \quad (2.42)$$

を得る.式を簡潔にするために,$\rho(x,t) = N(x,t)/N_{\max}$ と変数変換する

72 第 2 章 現象数理

と，(2.42) は

$$\rho(x, t + \Delta t)$$
$$= \rho(x - \Delta x, t) + \rho(x, t)(\rho(x + \Delta x, t) - \rho(x - \Delta x, t)) \quad (2.43)$$

となる．この式が，密度 $\rho(x, t)$ で表した交通流に対する数理モデルである．

このモデルはきわめて簡単なものである．東氏の東大での新しい指導教員時弘哲治氏は以前交通流問題で面白い結果を出されているが，彼によればこれは今まで提出されていないようであり，役に立つモデルとのことである．また，この差分方程式はよい構造をもつことも最近分かった．じつは ρ の値を 0 と 1 に限れば，この式はウルフラムが与えた基本セルオートマトンの 184 番目，ECA184 になっているのである．このような差分方程式をファジー CA と呼ぶとのことである．

目下，このモデルに関する計算を東氏，時弘氏と楽しんでいる．超離散化した方程式ももちろん研究対象である．コンピュータを援用するのは当然のことである．計算が役立って，意味ある結果を出せれば，現象数理の目的を達せられる．渋滞現象の解明に少しでも役立てば喜びとするところである．

渋滞現象は社会現象である．まったく偶然ではあるが，本稿を書き上げようとしていたとき，フランスの友人グラマティコス氏からメールが来た．深夜 1 時である．日本にいるとなかなか研究時間が取れない．そこで，ここ 20 年以上毎年 3 月に 1 週間から 2 週間パリに行って研究を楽しんでいる．7 月半ばにメールが来た理由はグラマティコス氏，東大のウィロックス氏，小生の 3 人ですすめてきた社会現象をテーマとした研究の論文草稿ができたので読むようにとのことである．来週からヴァカンスでギリシャに行き，9 月まで帰ってこないから，それまでに読めと書いてある．早速フェイスタイムで電話して，本稿に概略を書き加える許可を得た．

人間，天然資源，貯えられた富の 3 つを従属変数として，それらの相互関係を表す数理モデルを考える．モデルは非線形の常差分方程式と，その近似となる微分方程式，超離散方程式である．計算の結果，方程式に含まれるパラメータの値に応じて，人間の数，すなわち人口は，0 でない定常状態に移行するか，リミットサイクルの状態を示すか，減少して 0 になるかのいずれかであることがわかった．人類滅亡の可能性もあるのである．

いつか論文の内容の紹介ができれば幸いである．現象数理の対象はどんど

ん拡がりつつある. ついには, 人間の存亡にかかわることも対象にするように なったのである.

参考文献

[1] 薩摩順吉,『物理の数学』(岩波基礎物理シリーズ), 岩波書店, 1995.

[2] 薩摩順吉,『物理と数学の 2 重らせん』(パリティブックス), 丸善出版, 2004.

[3] J. Satsuma and N. Yajima, Initial Value Problem of One–Dimensional Self-Modulation of Nonlinear Waves in Dispersive Media, *Prog. Theor. Phys. Suppl.*, no. 55, pp. 284–306, 1974.

[4] J. Satsuma, N–Soliton Solution of the Two–Dimensional Korteweg-deVries Equation, *J. Phys. Soc. Jpn.*, vol. 40, no. 1, pp. 286–290, 1976.

[5] J. Satsuma, M. J. Ablowitz and Y. Kodama, On an Internal Wave Equation Describing Stratified Fluid with Finite Depth, *Phys. Letter*, vol. 73A, no. 4, pp. 283–286, 1979.

[6] D. Takahashi and J. Satsuma, A Soliton Cellular Automaton, *J. Phys. Soc. Jpn.*, vol. 59, no. 10, pp. 3514–3519, 1990.

[7] T. Tokihiro, D. Takahashi, J. Matsukidaira, and J. Satsuma, From Soliton Equations to Integrable Cellular Automata through a Limiting Procedure, *Phys. Rev. Lett.*, vol. 76, pp. 3247–3250, 1996.

[8] J. Satsuma, Exact Solutions of Burgers' Equation with reaction terms, *Topics in Soliton Theory and Exactly Solvable Nonlinear Equations* (M. Ablowitz, B. Fuchssteiner and M. Kruskal Eds.), World Scientific, Singapore, pp. 255–262, 1987.

[9] J. D. Murray, *Mathematical Biology* : I. *An Introduction*, 3rd eds., Springer, 2001.

[10] J. Satsuma, Exact Solutions of a Nonlinear Diffusion Equation, *J. Phys. Soc. Jpn.*, vol. 50, no. 5, pp. 1423–1424, 1981.

第3章
沢山からできている世界

原田健自
京都大学大学院情報学研究科

3.1 身近な世界から微小な世界へ

◎——3.1.1 スケールを超えた理解を目指す

物理で最初に習うニュートンの運動の法則は，リンゴと天体の運動が同じ法則で説明できるという偉大な着想の成果である．それぞれの運動はスケールがかなり違うが，統一的に理解できるというのは驚くべきことである．

このように，スケールの違う現象を統一的に理解したいという知的欲求は自然なものである．

ところで，我々に身近な物質はもっと微小なスケールの原子や分子などが集まったものである．そのため，微小なスケールの法則から巨視的なスケールの物質の性質を説明できるはずであると考えるのは自然である．しかし，沢山の原子・分子が集まるとどんなことが起きるのだろうか，それを理解するためには，実は大きな飛躍を必要とする．

◎——3.1.2 全エネルギーは保存する

ニュートンの運動の法則は，物体の位置の時間変化の法則として表現することができる．数学的には，物体の位置座標の時間に関する微分を含んだ方程式 (微分方程式) として表現され，**ニュートンの運動方程式**と呼ばれる．例えば，2つの物体がバネで結ばれているとき，物体の位置を x_1, x_2 とすると，これらの物体の運動方程式は次のようになる．

$$m_1 \frac{d^2 x_1}{dt^2} = -\frac{\partial U}{\partial x_1}, \quad m_2 \frac{d^2 x_2}{dt^2} = -\frac{\partial U}{\partial x_2},$$

$$U = \frac{k}{2}(x_2 - x_1 - l_0)^2.$$

ここでは，t は時間，m_1, m_2 は物体の質量を表す．バネの力の強さは，k を
バネ定数，l_0 をバネの自然な長さのときの物体間の距離とした場合，$k(x_2 - x_1 - l_0)$ に比例するため，ここではそれらをまとめて，ポテンシャル関数 U
を用いて表した．

ニュートンの運動方程式は2階微分方程式だが，運動量 p_1, p_2 を用いる
と，次の1階連立微分方程式に書き換えることができる．

$$\frac{dx_1}{dt} = \frac{p_1}{m_1}, \quad \frac{dp_1}{dt} = -\frac{\partial U}{\partial x_1}, \quad \frac{dx_2}{dt} = \frac{p_2}{m_2}, \quad \frac{dp_2}{dt} = -\frac{\partial U}{\partial x_2}.$$

さらに，関数 $H(x_1, p_1, x_2, p_2) = \dfrac{p_1^2}{2m_1} + \dfrac{p_2^2}{2m_2} + U(x_1, x_2)$ を導入すれば次
のハミルトンの運動方程式になる．

$$\frac{dx_1}{dt} = \frac{\partial H}{\partial p_1}, \quad \frac{dp_1}{dt} = -\frac{\partial H}{\partial x_1}, \quad \frac{dx_2}{dt} = \frac{\partial H}{\partial p_2}, \quad \frac{dp_2}{dt} = -\frac{\partial H}{\partial x_2}.$$

関数 H はハミルトニアンと呼ばれ，運動エネルギー $\dfrac{p_i^2}{2m_i}$ とポテンシャルエ
ネルギー (位置エネルギー) の和，つまり，2つの物体からなるシステム (系)
の全エネルギーを表し，ハミルトンの運動方程式に従う系では保存する．

$$\frac{dH}{dt} = \frac{\partial H}{\partial x_1}\frac{dx_1}{dt} + \frac{\partial H}{\partial p_1}\frac{dp_1}{dt} + \frac{\partial H}{\partial x_2}\frac{dx_2}{dt} + \frac{\partial H}{\partial p_2}\frac{dp_2}{dt} = 0.$$

全エネルギーは保存するが，もちろん，位置や運動量は変化する．つま
り，ハミルトニアンの各項は変化する．運動エネルギーは物体ごとに定義さ
れているので，各物体の間でエネルギーをやり取りしながら運動していると
いえる．

このように運動方程式から物体の運動を理解する物理学の分野は，力学と
呼ばれる．我々の生活しているスケールでは，リンゴから人工衛星，天体ま
で，多くの物が力学で記述でき，力学的世界に生きているとも言える．

◎——**3.1.3　微小なスケールから世界を考える**

物質が原子，分子からできていることから，原子，分子の運動方程式から
物質の性質が説明できるのではないかと考えるのが自然なので，運動方程式
について考えてみる．

まず，気をつけないといけないことは，目に見えるスケールの物質には，
微小な原子分子が非常に多く含まれているということだ．だいたいアボガド

76   第3章　沢山からできている世界

ロ数程度，つまり，10^{23}個程度である．もちろん，各々の原子間に働く力は2体ポテンシャル関数で定義されるので，系全体のハミルトニアンが定義でき，そこから，ハミルトンの運動方程式も書き下すことができる．ところが，この非常に膨大な数の連立微分方程式を時間について積分できるか (微分を含んだ方程式から各々の原子分子の運動を求められるか) というと，一般的にはもちろんそうではない．

3.2　沢山から生まれる世界

◎──3.2.1　統計的に考えよう

　非常に多くの要素からなる系の振る舞いについて，どんなアプローチを取ることができるだろうか?

　系中の原子などの各要素の位置と運動量で軸を定義した空間を位相空間と呼ぶ．したがって，各原子の位置と運動量で定義される系全体の状態は位相空間の1点として表すことができる．さて，系の全エネルギーを保存しながら運動するということは，系の状態を表す点が位相空間中の等エネルギー面の上を運動方程式に従い移動するとも言える．

　運動方程式は，各々の原子の詳細を与えるが，我々が知りたいのは，各々の原子の位置や運動量などの系の詳細な情報ではなくて，物質，つまり，系全体がどのように振る舞うかである．

　そこで，等エネルギー面上のすべての点が同じ確率で現れるだろうという大胆な仮説 (**等重率の原理**) を採用することが提案された．これは大きな飛躍で，運動方程式を時間について積分するのではなく，統計的な視点を導入したのである．

　各種の物理量は，系の詳細に依存するので，位相空間上の点ごとに量を定義することができる．この統計的な仮説が正しければ，物質のこれらの量は，等エネルギー面上の一様分布 (ギブスの**ミクロカノニカル分布**) を用いた平均とみなしてもいいということになる．

　ちなみに，統計を導入して沢山の物が集まった物理系を考えるということで，この分野は物理学では，統計物理学と呼ばれている．

◎——**3.2.2　温度は何を表すのか**

よく温度が高い，低いということを言うが，温度とは何だろうか．実は温度は沢山からなる系に自然と生まれてくる．

世界は着目している部分とそれ以外にわけることができる．そのとき，どういったことが等重率の原理から導かれるかを考えてみる．

着目している部分のエネルギーを E_A，それ以外を E_B とする．このとき，着目している部分の取りうる状態数 $W_A(E_A)$ とそれ以外の状態数 $W_B(E_B)$ に対して，全体の状態数は，$W(E_A + E_B) \approx W_A(E_A)W_B(E_B)$ となる[1]．ここで，両辺の対数を取って，

$$S(E) = \log W(E) \tag{3.1}$$

という新しい量を導入すると，

$$S(E_A + E_B) = S_A(E_A) + S_B(E_B). \tag{3.2}$$

全エネルギーが $E_T (= E_A + E_B)$ に固定されているとき，着目している部分のエネルギー E_A に対して，いつ全体の状態数は最大化されるだろうか．

それは，$S(E_T)$ を E_A で微分したときの極値で表すことができ，

$$\frac{dS(E_T)}{dE_A} = \frac{dS_A(E_A)}{dE_A} + \frac{dS_B(E_T - E_A)}{dE_A}$$
$$= \frac{dS_A(E_A)}{dE_A} - \frac{dS_B(E_B)}{dE_B} = 0$$

という条件を満たしているとき，すなわち次の条件が成立しているときである．

$$\frac{dS_A(E_A)}{dE_A} = \frac{dS_B(E_B)}{dE_B}\bigg|_{E_B = E_T - E_A} \tag{3.3}$$

一般に，沢山のものが集まってできているシステムの状態数はエネルギーが大きくなると急激に増加するので，式 (3.2) は，E_A に対して，増大するものと減少するものの和となっており，式 (3.3) のときに最大化する．一方で，条件式 (3.3) が成立しないときは状態数が急激に減少する．

等エネルギー面上で条件式 (3.3) が成立するところの割合は極めて大きいので，そこにとどまり続ける．そのとき，エネルギーが変化しないので，そ

---

1) 取りうる状態数というのは，位相空間中の等エネルギー面の「面積」と考えられる．

れぞれの部分系は変化がないように見える．これを**平衡状態**と呼ぶ．

沢山のものからできている世界では，平衡状態がもっとも実現されやすいので，まずは平衡状態について注目していこう．

さて，温度の話に戻る．温度が異なる 2 つのものを接触させるとエネルギーをやりとりして最後には温度が同じになり変化のない状態，つまり，平衡状態になる．このことから，条件式 (3.3) の両辺は温度の関数と考えてみよう．つまり，平衡になったときに温度が等しいので条件式 (3.3) の両辺が等しくなったと考える．

部分系 A の最初のエネルギーを E_A だとし，平衡状態でのエネルギーよりも低いとする．すると，E_A の増加と共に全体の状態数が増えているはずなので，$\dfrac{dS(E_T)}{dE_A} > 0$ だが，式 (3.2) を使って，

$$\frac{dS_A(E_A)}{dE_A} > \frac{dS_B(E_B)}{dE_B}$$

が成立する．

また，エネルギーが増加すると部分系 A の温度 T_A は上昇するが，逆に部分系 B の温度 T_B は下降する．したがって，$T_A < T_B$．これらを合わせて考えると，$\dfrac{dS_A(E_A)}{dE_A}$ は温度の減少関数でなければならない．

実際には，

$$\frac{dS_A(E_A)}{dE_A} = 1/T_A \tag{3.4}$$

と対応づけると，温度の減少関数でかつ熱力学の温度のさまざまな要請と矛盾しないことが知られている．

このように，温度は沢山のものがあつまったシステムを特徴づける量として定義できる．つまり，沢山集まると温度が出現する！

式 (3.4) から，量 S は熱力学の**エントロピー**と対応していることがわかる．また，式 (3.1) の $\log$ の前に比例定数 k_B (ボルツマン定数) をつけた式は**ボルツマンの公式**と呼ばれている．

昔からエントロピーについては解釈が難しいものとして紹介されることが多いが，シャノンの導入した情報理論の**情報量**としてみるという視点もある．このような情報論的視点の導入は，エントロピーだけなく，物理全般の最近の研究のムーブメントの一つになっている．

次に，今までと少し状況を変えて，もし，着目している部分がそれ以外に比べて非常に小さい場合はどういうことがおきるかを考えてみよう．

全エネルギーが E_T であったとき，着目している部分のエネルギーが E_A ならば，それ以外の部分 (**熱浴**と言う) のエネルギーは $E_B = E_T - E_A \gg E_A$. $E_T \gg E_A$ を用いれば，平衡状態にあるとき，次のように S_B を近似できる．

$$
\begin{aligned}
S_B(E_B) &= S_B(E_T - E_A) \\
&\approx S_B(E_T) - E_A \frac{dS_B}{dE_B} = S_B(E_T) - E_A/T.
\end{aligned}
$$

したがって，等重率の原理より，着目している部分系の状態 X の出てくる確率は，

$$
P(X) \propto W_B(E_B) = \exp\left[S_B(E_B)\right] \propto \exp(-E_A(X)/T).
$$

($\propto$ は比例していることを表す．) ここで，逆温度 $\beta = 1/T$ と規格化定数 $Z = \sum_X \exp(-E_A(X)/T)$ を導入すれば，結局，着目している部分系の状態 X が出現する確率は以下のような式で表せる．

$$
P(X) = \frac{1}{Z} \exp(-\beta E_A(X)). \tag{3.5}
$$

通常，沢山のものからできている着目している系も，それ以上にはるかに大きな環境に囲まれているので，周りの環境を熱浴とみなすことができる．そうすると，式 (3.5) は逆温度 β をもつシステムの状態出現確率として，沢山のものからできているシステムが示す非常に一般的な分布と言える．

この分布は，**ボルツマン分布**と呼ばれており，沢山のものからできている世界 (ただし，着目した部分系) のことを知るための理論的道具として基本的なものになっている．以下では，ボルツマン分布を出発点として，沢山の物が集まるとどんなことが起きるのかをみていこう．

◎——**3.2.3　何が創発するのか**

♣**シンプルでも難しい**　沢山の物が集まったものでもっとも単純な物を考えてみよう．

各要素の取りうる状態としては，2 種類，例えば，0 もしくは 1(つまり，1 ビット) を考える．

80 第3章 沢山からできている世界

お互いに作用を及ぼしているとしたらどんな形があるだろうか. この相互作用を考えることは, 物理では, ハミルトニアンを構成する相互作用エネルギーの形を決めることに対応する.

2ビットが対称だとすると, 00, 01, 11 と3種類の異なる状態がある. さらに0と1という2つの状態も対称とすると, 00 と 11 も同じ状態とみなせる. つまり, 2つの要素が同じ状態かどうかという違いしかない. これは, 論理演算の1種である $\mathrm{XOR}(a, b) = a\bar{b} + \bar{a}b$ という演算で表すことができる[2].

ビットを整数だと解釈し, 新しい変数 $s_a = 2a - 1 = \pm 1$ (イジングスピン変数) を用いると, $s_a s_b = 1 - 2\mathrm{XOR}(a, b)$ という関係から, 相互作用エネルギーを次のような単純なイジングスピン変数の積で表すこともできる.

$$H(s_a, s_b) = -s_a s_b \tag{3.6}$$

この場合, 2つのイジングスピン変数が同じ状態であるときにエネルギーが下がり, 異なるときはエネルギーが高いということになっている.

磁性体と呼ばれる物質は電子のスピンに起因する小さな磁石の集まりと考えることができる. 特に, 上向き, 下向きの2種類の方向をとる単純化された磁石と考えられる場合があり, 同じ方向を向いた方がエネルギーが下がる強磁性体と呼ばれる物質がある. 式 (3.6) は, 上向き, 下向きをイジングスピン変数で表した場合の強磁性体の相互作用エネルギーをまさに表している.

式 (3.6) で相互作用しているイジングスピン変数の集まった場合を考えよう. そのとき, 全エネルギーが次の形をしているモデルは, イジングモデルと呼ばれている.

$$E(S) = -\sum_{\langle ij \rangle} J_{ij} s_i s_j - \sum_i h_i s_i$$

ここで, $\langle ij \rangle$ は相互作用しているイジングスピンペア s_i, s_j を表す. また, 相互作用の強さを表す定数 J_{ij} を導入した. $J_{ij} > 0$ なら強磁性, $J_{ij} < 0$ なら反強磁性と呼ばれる. さらに, h_i は磁場の効果を表し, h_i の符号 (向き) に各イジングスピンがそろうとエネルギーが下がるという形になっている.

さて, イジングモデルの状態 $S (= \{s_i\})$ が出現する確率はボルツマン分

---

2) $\bar{a}$ はビット a の反転を意味する. つまり, $\bar{0} = 1, \bar{1} = 0$.

布式 (3.5) に従うので,

$$P(S) = \frac{1}{Z} \exp\left[\beta\left(\sum_{\langle ij\rangle} J_{ij}s_is_j + \sum_i h_is_i\right)\right]. \tag{3.7}$$

この場合, どういうことが起きるかをみていこう.

♣平均的に考えよう　イジングモデルで, イジングスピン変数がどれくらい揃っているかを表す量として, 磁化を考えてみる.

式 (3.7) より, 磁化 $M = \sum_i s_i$ の平均値 $\langle M\rangle$ は次式で計算できる.

$$\langle M\rangle = \sum_S M(S)P(S)$$
$$= \frac{1}{Z}\sum_S\left[\left(\sum_i s_i\right)\exp\left[\beta\left(\sum_{\langle ij\rangle} J_{ij}s_is_j + \sum_i h_is_i\right)\right]\right] \tag{3.8}$$

この式の計算を難しくしているは相互作用の項 s_is_j である. もし, それがなければ, 各 s_i についての和 ($\sum_S$ に含まれている) を独立に取ることができ, その和として磁化を表すことができる.

そこで, 相互作用している相手を平均値 $\langle s_j\rangle$ と近似してみる.

$$E(S) \approx E_M(S) \equiv -\sum_i s_i\left(\sum_{\langle ij\rangle} J_{ij}\langle s_j\rangle + h_i\right)$$

この近似したエネルギーの場合は, 相互作用がないため, 各イジングスピン変数の平均値を計算することが可能である.

$$\langle s_i\rangle = \sum_S s_iP_M(S) = \frac{\sum_{s_i=\pm 1} s_i\exp\left[\beta s_i(\sum_{\langle ij\rangle} J_{ij}\langle s_j\rangle + h_i)\right]}{\sum_{s_i=\pm 1}\exp\left[\beta s_i(\sum_{\langle ij\rangle} J_{ij}\langle s_j\rangle + h_i)\right]}$$
$$= \tanh\left[\beta\left(\sum_{\langle ij\rangle} J_{ij}\langle s_j\rangle + h_i\right)\right] \tag{3.9}$$

ここでは, 相互作用の相手を平均値 (**平均場**) で近似したことで, 平均値の連立方程式を導出した. この連立方程式を満たす平均値が元の相互作用ありモデルの性質を反映していると期待した. このような近似を**平均場近似**といい, 沢山の要素が相互作用するシステムの解析に汎用的に使われている.

さて、本質を失わない程度にもっと話を簡略化してみて、どういったことが起きるのかみてみよう。例えば、2次元正方格子点のように規則的な格子点にイジングスピンがのっていたとする。相互作用は第1近接格子点、例えば、上下左右の4点のイジングスピンとだけしているとする。そして、相互作用定数はすべて同じ J で磁場も一様で h であるとする。このような場合、どのイジングスピンも同じ状況なので、イジングスピン変数の平均値はすべて等しくなり、それを m と置くと、式 (3.9) は次式を満たす。

$$m = \tanh[\beta(J'm + h)] \tag{3.10}$$

ここで、相互作用している相手先の数を z、$J' = Jz$ とした。

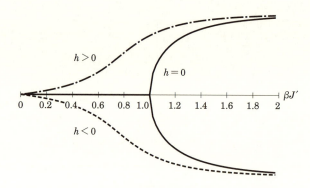

図 3.1 平均場近似の磁化 m。

J, z, h を固定して、温度を変えたときの方程式 (3.10) の解を図 3.1 に示した。$h \neq 0$ のときの磁化は予想通り、温度を下げると磁場の方向にだんだんと揃って行く。

注目して欲しいのは、$h = 0$ のときの振る舞いである。$\beta < \beta_c = 1/J'$ では $m = 0$ だが、β_c のところから磁化 m が連続的に立ち上がっている。$|m| > 0$ はシステム全体にイジングスピンが揃うという強磁性的な性質が現れていることを意味する。つまり、逆温度 β_c を境に、強磁性という性質がないという状況からあるに切り替わっている。

システムの巨視的な性質が同じで程度だけが違うときには1つの相にあると言う。例えば、H_2O は常温では液体なので液体相にあるという具合に。このイジングモデルの例では、強磁性相 ($|m| > 0$) と常磁性相 ($m = 0$) があ

り，それが β_c で切り替わっている．このような現象を**相転移**と呼ぶ．

式 (3.8) で定義される磁化は本来，温度に関して滑らかな関数の和なので，特異点 β_c をもつ相転移が起こるはずはない．しかし，一様性を仮定して平均場方程式を立てた段階で，要素数は無限大にとったことになり，相転移が起きた．

実際，要素数が有限のとき，磁化は滑らかな関数のままだが，要素数を増やし，$h \to 0$ とすると，β_c で特異点をもつ振る舞いに形が収束する．

相転移があるから相が定義されるという見方をすれば，イジングモデルのような非常に単純なシステムであっても，沢山の要素が集まるだけで自発的に相を創発し相転移が起きると言える．つまり，沢山の物が集まると，非常に多様な世界が出現する！

♣**スケールを超える**　磁場のない $(h = 0)$ ときの 2 次元正方格子上のイジングモデルの特異点 β_c (**臨界点**) でのイジングスピンの様子を図 3.2 でもう少しみてみよう．単純でもなくデタラメでもなく，不思議なパターンに見えないだろうか．

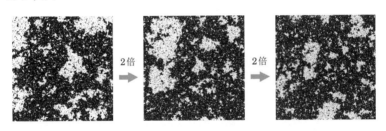

図 **3.2**　2 次元イジングモデルの臨界点．黒色が上向き，灰色が下向きのイジングスピンの状態を表している．

特に上向きと下向きのどちらに偏っているわけでもない．平均場近似のときに，注目はあまりしなかったが，臨界点以下の温度では磁化が上向きか下向きかのどちらになるかは特に決まっていない．揃うということだけである．エネルギーにスピン変数に関する上と下の反転対称性があったからであるが，臨界点を境に自発的に破れている．これを**自発的な対称性の破れ**といい，沢山の物が集まってできる揺らぎによって起きている．

84 第3章 沢山からできている世界

臨界点では，このゆらぎにより，大きな塊もあれば，小さな塊もある．その具合がどうなっているかを見るために，スケールを変えるという少し不思議な操作を考えてみよう．具体的には，サイズ 2×2 のブロックをサイズ 1×1 のブロックに置き換えるという操作を考える．

この操作で基本スケールは2倍になる．つまり，粗視化だが，図3.2を見ても前のとはあまり印象が変わらない．このような粗視化を専門用語で**繰り込み**と呼ぶ．

もし，特徴的な長さスケールがあって全体の振る舞いを支配しているとすると，このようなスケールの変換によって様子が変わってくるはずである．しかし，臨界点では繰り込みをしても変わらないということはそういったスケールがなく，**スケール不変性**が成立していると言える．つまり，マンデルブロの提案した**フラクタル**が統計的に成立しているので，臨界点の印象は魅力的だったのかもしれない．

スケール不変は最初から成立しているわけではない．イジングモデルであればよく見るとイジングスピン単位で変化している様子が見える．しかし，粗視化して行けば，だんだんとシステムの微細な特徴が消えていき，スケール不変性が成立していく．

この過程で大まかな特徴だけが残って微細な詳細は失われていく．そのために，最後に残るスケール不変なシステムの振る舞いはイジングモデルに限られるものではなく，他のさまざまなものと共有すると考えられている．つまり，イジングモデルの臨界点での振る舞いは**普遍的**であると考えられる．

実際，システムの次元 (2次元とか3次元とか) と相互作用の傾向 (同じになろうとするのかどうか)，状態数 (イジングモデルの場合は2) が同じであるモデルで臨界点をもつものは，さまざまな量に同じ指数をもつべき乗則が成立することが確かめられている[3]．

つまり，磁性体だけでなく，社会システムから素粒子まで，スケールを超えた普遍性を示すということが言える．これは驚くべきことで，このようなことが起きるのも，沢山の物が集まってできる揺らぎがあるためである！

ここまでをまとめると，沢山の物が集まったシステムでは，

---

3) イジングユニバーサリティクラスと呼ばれる．

- 統計的に扱うことができ温度が出現する.
- 平衡状態ではボルツマン分布にしたがう.
- 巨視的な相が創発し相転移が起きる.
- 自発的に対称性が破れる臨界点では,スケール不変性が現れ,スケールを超えた普遍性を示す.

沢山のものからできているシステムは世の中にさまざまな物がある.それらに共通する数理構造から上記のような性質が現れるということがわかった.残る問題は,どんな相が創発し,どんな相転移が起き,どんな普遍性が現れるのかということである.これらは,この世界が非常に多様であることから考えても,興味が尽きない研究テーマになっており,多くの研究者が取り組んでいる.

3.3 沢山からできている世界を探検する

ボルツマン分布式 (3.5) で定義されるシステムの振る舞いは,現実世界に溢れさまざまな物質の性質 (**物性**) が多様であることからわかるように,非常に多岐に富んでいて魅力的である.

前節の平均場近似だけでなく,さまざまな解析手法がある中で,近年,コンピュータの発展と共に数値的手法が急速に有用性を増してきた.このようなアプローチは**計算物理**と呼ばれている.

以下では,沢山の物が集まったシステムをコンピュータを用いて研究する手法 (**モンテカルロ法**と**テンソルネットワーク法**) の紹介とその応用例をみていく.

イジングモデルのときに平均場近似を紹介したが,揺らぎが弱いという条件が満たされないとコントロールが難しい近似となっている.しかし,ここで紹介する手法は,汎用的でかつ数値的にコントロール可能である点が特徴である.そのため,沢山の物が集まったシステムだけなく,沢山のことから定義されるシステムにも応用可能である.

◎──**3.3.1 デタラメを使って計算する**

♣**モンテカルロ法** 具体的なボルツマン分布式 (3.5) に従うシステムとして,$L \times L$ の大きさの正方格子の格子点上にイジングスピンがあり,上下左右の

86　第3章　沢山からできている世界

最近接点同士が相互作用する場合を考えてみよう．

　各イジングスピン変数は2種類の値 (±1) を取るので，状態の数は $2^{L \times L}$ と非常に大きくなり，磁化式 (3.8) を計算するために，全状態を列挙し和をとるという方針では，高速なコンピュータでも計算時間が膨大になる[4]．

　磁化式 (3.8) は，状態ごとの磁化 $M(S)$ の状態確率 $P(S)$ による重み付き平均という意味である．そのため，実際にコンピュータの中にそれと同じ状況を再現したのが，モンテカルロ法と呼ばれる計算手法である．つまり，サンプル状態 S_t を状態確率 $P(S_t)$ に従って多数作成し，磁化 $M(S_t)$ の集まりの単なる平均として，式 (3.8) を近似的に計算する．

　モンテカルロ法の利点は，そのサンプル値平均がサンプル数を大きくするとどういう振る舞いをするかということが予想がつくことである．

　サンプル値 $M(S_t)$ はサンプルが確率的に生成されるので確率変数である．その和をとってサンプル数で割ったサンプル値平均も確率変数である．多数の確率変数の和として定義される確率変数には，**中心極限定理**により非常にいい性質がある．具体的には，和の個数の増加とともに，各確率変数の平均値の和を中心とした釣鐘の形をした確率分布 (**ガウス分布**) に近づいていく．また，その分散も各確率変数の分散の和になる．

　このことから，サンプル値平均はサンプル数が多くなっていくと，平均値がもとの重み付き平均値で，分散がサンプル数の逆数に比例して小さいガウス分布に近づいていく．釣鐘型のガウス分布の幅は，分散の平方根で表すことができるので，結局，サンプル値平均の誤差 (ガウス分布の幅) はサンプル数の平方根の逆数に比例して小さくなる．

♣**マルコフ連鎖モンテカルロ法**　残る問題は確率分布 $P(S)$ に従うサンプルをどう作るかである．

　実は，同じ手続きを繰り返すことで，一見，ランダムに0と1が出てくるように見えるビット列を生成する手法がいくつかある．入力としては，ビット列履歴を与える必要があるが，高速にコンピュータで実行することができる．これらのビットを例えば32ビット組み合わせて整数を作れば，0 〜

---

4)　実際，世界最高速のコンピュータでも $L \approx 7$ ぐらいが限界．

$2^{32} - 1$ の範囲の整数がすべて同じ確率になる確率分布 (一様分布) に擬似的に従って整数をサンプリングでき, **擬似乱数**と呼ばれている. さらに, 一様分布をベースに, 実数区間の一様分布, 指数分布, ガウス分布などさまざまな低次元確率分布に従ったサンプルを作成する手法が提案されている. しかし, イジングモデルのボルツマン分布式 (3.5) のように, 次元が $L \times L$ と非常に大きい場合, それらの手法は適用できない.

そういう場合, 前のサンプルを確率的に変更して次のサンプルをつくるという手法が使われる. 前の状態から確率的に次の状態が決まる状態列をマルコフ連鎖と呼ぶので, **マルコフ連鎖モンテカルロ法** [1] と呼ばれている.

このとき, マルコフ連鎖で生成される状態列の中に各状態の出てくる頻度が, サンプリングしたい確率分布に従っていてくれる必要がある. そのような条件を満たすマルコフ連鎖の設計は理論上無数にあるが, よく用いられているものとして, 硬い剛体球の集まりをモンテカルロ法で計算するために提案された**メトロポリス法** (統計分野では, **メトロポリス・ヘイスティング法**), また, 熱揺らぎをヒントした**熱浴法** (統計分野では, **ギブスサンプラー**) がある.

以下では, イジングモデルを例に, 実際にマルコフ連鎖モンテカルロ法で状態をどのように確率的に更新するのかを示す.

♣**モンテカルロシミュレーション**　メトロポリス法では, 次状態の候補を作成し, それを認めるかどうかを確率的に判定し, 認めない場合は現在の状態をそのまま次状態とする. つまり, サンプル列としては, 同じものが続くことがある.

イジングモデルでは, 現在の状態 S から, ランダムにイジングスピン変数を 1 つ選んでその符号を逆転させた状態 S' を次状態候補とすることが多い.

そして, 受諾 (アクセプト) する確率は次のようにする.

$$P(S \to S') = \min \left[1, \frac{P(S')}{P(S)} \right] \tag{3.11}$$

つまり, メトロポリス法では, 次状態候補と現状態の確率の比が小さくても, 比に比例した確率で提案された次状態候補を受諾する.

熱浴法では, イジングスピン変数 s_i の値 x を次の確率に従って決める.

88   第3章　沢山からできている世界

$$P(S \to S_x^i) = \frac{P(S_x^i)}{P(S_1^i) + P(S_{-1}^i)} \tag{3.12}$$

ただし，状態 S_x^i は状態 S のイジングスピン変数 s_i を x にした状態を表す．ここで，S^i を状態 S から s_i を除いたイジングスピン変数で定義される状態とすると，その状態確率は，$P(S^i) = P(S_1^i) + P(S_{-1}^i)$ と定義され，式(3.12) は，条件付き確率を使って書くことができる．

$$P(S \to S_x^i) = \frac{P(S_x^i)}{P(S^i)} = P(s_i = x | S^i)$$

つまり，熱浴法では，スピン変数 s_i 以外の状態を固定したとき，s_i はどのような値を取りやすいかという条件付き確率分布によって，次状態を確率的に作成する．

　状態 S から状態 S' に遷移する確率 (**遷移確率**) を $P(S \to S')$ と記せば，両方の方法とも，任意の状態間で次の詳細釣り合い条件が成立する．

$$P(S \to S')P(S) = P(S' \to S)P(S')$$

　この関係があれば，状態 S が確率 $P(S)$ よりも出てくる頻度が小さければ，S から S' に遷移する割合が右辺よりも小さいので，逆に S' から S に移動してくる割合の方が大きくなって S の頻度が上がる．このようにして，最終的に全体で行き帰りのバランスが確率 $P(S)$ に従う形で取れる．

　ここで紹介したマルコフ連鎖モンテカルロ法のアルゴリズム，式 (3.11) や 式 (3.12) では，式 (3.7) にある規格化定数 Z が分母分子でキャンセルするので，規格化定数 Z を知らなくてもモンテカルロシミュレーションは行える．このことは実用的には非常に重要で，確率ではなく，それに比例する重みだけわかっているだけで，式 (3.11) や式 (3.12) の手法は適用できる．

　図 3.3 は，臨界点近傍の磁化[5]のモンテカルロ法を用いた計算結果である．このような確率を使った近似的計算はモンテカルロシミュレーションと呼ばている．

　システムサイズを大きくしていくとだんだんと臨界点付近で立ち上がる形に漸近していく様子がわかる．各システムサイズごとの磁化はスケーリング指数 (1/8 や 1) を適切に設定すれば，1 つの曲線上にすべてプロットでき

5）ただし，対称性を考慮して磁化の絶対値の平均値を計算した．

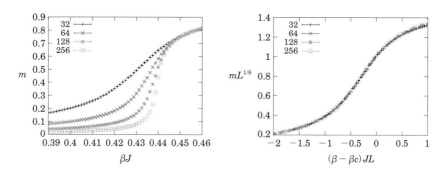

図 3.3 システムサイズ $L \times L$ の 2 次元イジングモデルの磁化と有限サイズスケーリング.

る.このことはこの相転移が臨界的で普遍的であることの証明にもなっている.また,このような図から普遍的なスケーリング指数を求めることも行われている (**有限サイズスケーリング**).

モンテカルロシミュレーションは,物理系では非常に一般的に用いられる研究手法となっている.例えば,構成要素が量子力学に支配されている絶対零度付近の物質の研究を,虚数時間と呼ばれる次元を導入することで,モンテカルロシミュレーションできる場合がある.

図 3.4 は絶対零度の量子臨界点での 2 次元量子 SU(N) モデルのサンプルの一例で,縦軸は虚数時間と呼ばれる追加された方向で量子揺らぎを表す.

このモデルは,各線の色は N 種類とることができ,量子ゆらぎにより,あるルールに従って変化することができる.この計算では,低温で,全体で色が揃う傾向と柱状パターンができる傾向が,強い量子揺らぎで同時に消失する可能性を検証した.

このような現象は**脱閉じ込め臨界現象**と呼ばれ,最近,理論的に提案されたものである.従来の臨界点の理論では扱えない現象で非常に理論的関心が高い現象だが,自然界には候補の現象がまだ見つかっていない.しかし,モンテカルロシミュレーションにより,コンピュータの中でその様子について研究を進めていけるようになりつつある [2].

実際に図 3.4 のような最先端の研究では,強力なコンピュータのパワーが必要となる.そのため,スーパーコンピュータと呼ばれる計算に特化したコンピュータが用いられている.この例では,日本にある「**京**」**コンピュー**

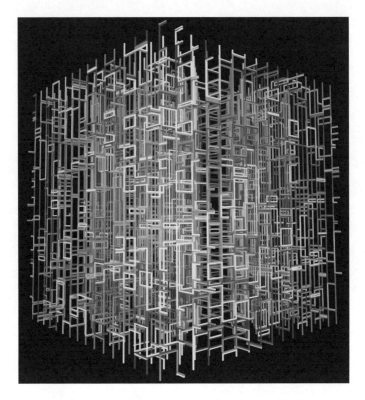

図 3.4 絶対零度での SU(N) モデルのサンプル例.

タという計算ユニットを約8万コア同時に動かせる巨大なコンピュータを使って行った. 紹介したアルゴリズムではなく, グローバルなサンプル更新を行う**ループアルゴリズム**を使うことや, 並列に計算ユニットを使うアルゴリズムなどを駆使することで, 新しい知見が得られ, 未解明な現象に新たな光を当てることができるのがこのような研究の醍醐味の一つである.

モンテカルロアルゴリズムの発展については詳しく述べなかったが, マルコフ連鎖モンテカルロ法では, サンプリング間の相関の増大により, サンプリング精度の悪化が深刻になる場合がある (例, スピングラス問題, 1次転移, 臨界緩和など). それを克服するようなアルゴリズムの研究 (例えば, 拡張アンサンブル法, レプリカ交換法など) も活発に行われている [3].

イジングモデルのような統計物理モデルだけでなく, モンテカルロ法は,

以下で紹介するように，物理系以外の最適化問題，統計的推定問題，情報処理にも広く用いられている．

♣シミュレーティッドアニーリング　物質の固体相では結晶の向きが揃っていた方が全体のエネルギーは下がり，界面ができるだけ少ない方が強い固体ができる．そこで，ゆっくりと温度を下げ，結晶の界面ができるだけ少なく均一な結晶を作成する方法が，焼きなましとして，経験的に知られていた．

　このことをヒントに，エネルギーを最適化したいコストに置き換えて，擬似的な温度を導入したボルツマン分布をつかって，コンピュータを用いて最適化問題を解く方法 (シミュレーティッドアニーリング) が提案されている．

　具体的には，エネルギーをコスト関数に置き換えて，擬似的な温度を導入してモンテカルロシミュレーションを行い，温度を少しずつ下げていく．

　ゆっくりと温度を下げると，熱揺らぎにより，コストの局所的な極小点にとらわれることなく，全体的な最適解に経験的にいくことが知られている．

　最近も，熱揺らぎではなく量子揺らぎを用いた量子アニーリングや，専用チップの開発など，多くの研究や活用が行われている．

♣ベイズ推定　お互いに確率的に関係している現象は世の中にたくさんある．例えば，親子間の遺伝子の関係はメンデルの法則で確率的なものになっている．一族の家系図はそのまま確率的な関係図とも読めることになる．

　例えば，一族全体の状態 S として，各個人の遺伝子型 $\{s_i\}$ の集まりを考えると，メンデルの法則は親子関係にあるトリプレット (s_i, s_j, s_k) に対する条件付き確率 $P(s_k|s_i, s_j)$ として表すことができ，一族全体の状態 S は条件付き確率の積として定義される．

　このようにして決まる確率 $P(S)$ がわかるとさまざまなことに利用できる．

　例えば，検査により何人かの遺伝子型がわかっているとき，条件付き確率のネットワークから決まる $P(S)$ より，他の未検査の遺伝子型について，その出やすさの期待値が決まる．このように条件付き確率を使った統計的推定をベイズ推定と呼ぶ．

　ベイズ推定は，データから未知の変数を統計的に推測するという非常に強

力なツールで，遺伝子型の話だけなく，AI など高度な情報処理をも含むさまざまな応用がある.

しかし，登場する要素の数が多くなると期待値の計算は指数関数的な計算量を必要とするのは，イジングモデルのときと同様の問題である.

そこで，コンピュータの発展とともに，モンテカルロ法の活用が近年盛んに行われるようになってきた. イジングモデルの重みとの類似性を考えると容易に応用可能であることがわかる.

また，遺伝子型のように離散的量の場合だけなく，連続的な量を変数にもつ場合にも，素粒子分野の連続場の理論のモンテカルロシミュレーションのために提案された**ハイブリッドモンテカルロ法** (別名は，**ハミルトニアンモンテカルロ法**) がよく用いられる.

♣**ボルツマンマシン**　高度な情報処理をこなすアルゴリズムとして，機械学習と呼ばれる手法が近年注目を集めている. そういった手法の一つに，生成モデルと呼ばれる手法がある.

これは，データセット中のデータが確率分布にしたがって生成されると仮定し，得られているデータからの学習により確率分布を構築していくアルゴリズムである.

例えば，猫や犬の画像を元に，本物のように見える猫や犬の画像を生成する確率分布を作ることができる. 確率分布を表すモデルの中に，猫や犬の特徴が表されているので，逆に認識にも使えたり，まったく新しいデータを作成したり，さまざまな応用が考えられている.

確率分布を表すモデルとして，ボルツマン分布を仮定したものを**ボルツマンマシン**と呼ぶ. 例えば，各画素をイジングスピン変数で表したイジングモデルを用いて手書き文字を学習したりできる (図 3.5 参照).

モデルに含まれている変数として，実際の画素に対応するものだけでなく，見えていない変数を導入し，相互作用ネットワークの形や，相互作用定数 J_{ij}, 磁場 h_i をデータに合わせて調整することで，さまざまなデータを生成する分布を学習することに応用されている.

そして，サンプリングには，モンテカルロ法のギブスサンプラーがよく用いられている.

図 3.5 ボルツマンマシンで生成した手書き文字画像.

◎──3.3.2 テンソルでネットワークする

19 世紀末から 20 世紀初頭にかけて，原子スケールの研究が始まると，その運動を記述するにはまったく新しい**量子力学**が必要だということがわかった．そして，量子力学に従う電子などの素粒子は量子と呼ばれている．

♣**重ね合わさる状態** イジングスピンは 2 状態をとるので，情報理論のビットと呼ぶことも可能であるが，ビットの量子版を考えることができ，実際に，キュービット[6]と呼ばれている．

さて，キュービットは，0 と 1 という状態だけでなく，重ね合わせの状態もとることができる！ これをどう表現するのだろうか．

キュービットの量子状態 ψ は，区別できる状態の集まりをそれぞれ直交するベクトルの集まりに対応させ，ベクトルの足し合わせで表現できる．つまり，ディラックのケット表現[7]を使って，

$$|\psi\rangle = T_0|0\rangle + T_1|1\rangle. \tag{3.13}$$

ただし，係数 T_0, T_1 は複素数．

ここまででもかなり奇妙だが，2 個以上集まるとさらに奇妙さは増す．A キュービットと B キュービットがあれば，それぞれの直交するベクト

---

6) 量子の quantum から名付けれている．
7) ベクトル ψ を $|\psi\rangle$ と記述する．

94   第3章 沢山からできている世界

ルのペアはすべて直交すると考える.つまり,4つの直交するベクトル
$|0\rangle_A|0\rangle_B, |0\rangle_A|1\rangle_B, |1\rangle_A|0\rangle_B, |1\rangle_A|1\rangle_B$ がある.そのとき,ABキュービット
の状態は,4つの複素数 T_{mk} を係数にもつベクトルとして表される.

$$|\psi\rangle_{AB} = T_{00}|0\rangle_A|0\rangle_B + \cdots + T_{11}|1\rangle_A|1\rangle_B \tag{3.14}$$

このシンプルな話にすでに多数の量子からなるシステムの途方もなさが隠
されている.キュービットが1個加わるごとに,係数の数が2倍になり,状
態の記述だけでも手に負えなくなる.

♣**量子が絡み合う世界** 2キュービットの場合,係数 T_{mk} は2つのインデッ
クスをもつので,2×2 の行列と見ることができる.行列に対する特異値分
解を使うと常に,

$$T_{mk} = \sum_i \lambda_i U_{mi} V_{ik} \tag{3.15}$$

と2つのユニタリ行列 U, V と係数 λ_i に分解できる.

ここで,A, Bキュービットそれぞれに $|\tilde{i}\rangle_A = \sum_m U_{mi}|m\rangle_A$, $|\tilde{i}\rangle_B = \sum_k V_{ik}|k\rangle_B$,という新しい状態を導入すれば,$|\psi\rangle_{AB} = \sum_i \lambda_i|\tilde{i}\rangle_A|\tilde{i}\rangle_B$ と書き
換えることができる.特異値分解で出てくる係数 λ_i の数は行列 T_{mk} の行数
と列数の最小値と等しいので,係数は λ_0, λ_1 の2つだけになった.

古典的な系では,重ね合わせという状態はなく常に1つの係数だけで十分
なので,それ以上の係数がどうしても必要になる場合は真に量子的といえ
る.このようなとき,絡んでいる (**エンタングルメント**) という.

特異値分解の議論を一般化すると,N 個のキュービットの場合,最大
$2^{N/2}$ 個の係数だけで十分であることが示せるが,状態の表現問題は本質的
には残っている.

大きな特異値が多数ある場合をエンタングルメントが強いという.このと
きは,特異値の削減などによる情報の圧縮が困難である.これは,キュー
ビット間の量子的相互の関係が強いためだろうと考えられており,大雑把
には,エンタングルメントの強弱は相互関係の強弱に対応しているとみな
せる.

上で述べたように,原理的には N キュービット系の表現問題は指数関数

的コストが必要であるが，エンタングルメントの強さや構造に基づき状態記述の情報を劇的に圧縮できる可能性がある．最近，そのことに着目した**テンソルネットワーク** [4] と呼ばれる表現方法が注目されている．

♣**テンソルの登場** 3キュービットの量子状態は，T_{mkl} という3つのインデックスをもつ複素数の集合である．数学では，ベクトル，マトリックスなどのように複数のインデックスをもつ数の集合をまとめて，**テンソル**と呼ぶ．つまり，量子状態はテンソルで記述できる．

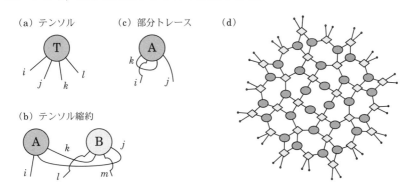

図 3.6 テンソルとその演算のダイヤグラムを用いた表現，および，代表的なテンソルネットワーク．

式 (3.15) の右辺のように，テンソル U, V の成分をかけて別のテンソル T が作れる．これを一般化したのが，**テンソル縮約**という演算である．テンソル縮約は，2つのテンソルに対して定義され，それぞれのテンソルの添字からなる添字のペアを指定し，そのペアの添字を同じにして要素の積をとって和を取ることである．

テンソル縮約を連続して行うことで新しい合成テンソルを定義していくこともできる．このような複雑な縮約演算を表すためにダイヤグラムを用いた表現 (図 3.6) がよく用いられる．また，図 3.6(d) のような複雑な合成テンソルは，オブジェクトと線で構成されたテンソルのネットワークとして定義され，テンソルネットワークと呼ばれる．

実は，テンソルネットワーク中の縮約をとるインデックスの自由度の大小

96 第3章 沢山からできている世界

は，エンタングルメントの強さの大小と関係がある．ただ，インデックスの自由度はエンタングルメントの局所的な強さと大局的な強さを共に反映しており，シンプルなものではない．

エンタングルメントの強さを測る指標として，量子情報の研究では，エンタングルメントエントロピーと呼ばれる量が定義され，さまざまな量子状態の特徴が議論がされてきた．そういった研究の重要な帰結として，絶対零度付近の量子状態は実はエンタングルメントはそれほど強くないという予想がある (エリア則)．

したがって，テンソルネットワークで表したときに，インデックスの自由度は系の大きさと共に指数的に大きくしなくてもいい可能性が高い．つまり，テンソルネットワーク中の全テンソルの要素数は，インデックスの自由度の積なので，劇的に少ない多項式的な数のパラメータで量子状態の記述が可能となる．

量子情報量という観点で量子状態を考え直してみることで，テンソルネットワーク表現が生まれ，(これは現時点では仮説であるが) 非常に強力なツールとして有効かもしれないということで，現在，多くの新しい試みが始まっている．

例えば，絶対零度での量子状態 (基底状態) の探索，トポロジカルな量子状態の表現，量子情報や量子計算の解析，ブラックホール時空の表現など多岐にわたる．

また，量子系の話だけでなく，古典的な場合に関してもさまざまな研究が行われている．さらに，情報圧縮という視点から，機械学習などの情報処理アルゴリズムへの展開も試みられている．

例えば，繰り込みの実現，エンタングルメントの操作，時間発展する非平衡系の研究，機械学習の生成モデルの提案などと，こちらも多岐に渡り，活発な研究が行われている．

以下では，特に，テンソルネットワークの活用例として，スケールを超えた情報の抽出という観点からも興味深い "繰り込みの実現方法" を紹介する．

♣繰り込みを実現　2次元正方格子上のイジングモデルの分配関数 Z は局所的な指数関数の積になっていることから，その分配関数は図3.7(a) のよう

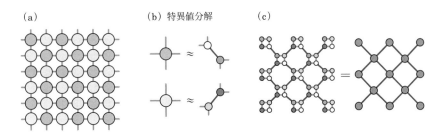

図 3.7 分配関数のテンソルネットワーク表現とテンソル繰り込み群．

なテンソルネットワークで記述できる．

残念ながら，このテンソルネットワークの厳密なテンソル縮約計算には指数関数的なコストがかかる．そのため，テンソルネットワークの近似的計算手法がいくつか提案されている．その一つの手順は図 3.7(a) から (c) の通りである．特に (b) の特異値分解でテンソルを分解する際に自由度を落とすことで近似を行っている．結果，図 3.7(c) の右図のように，元のテンソルネットワークを 45 度傾けた同じ形のテンソルネットワークができるが，テンソルの数は半分になっている！ つまり，長さスケールを $\sqrt{2}$ 倍に粗視化をしたことに相当する．特異値分解による近似では，大きな特異値をどれだけ残すかで近似精度を調整することができる．計算量は残す特異値の数の 6 乗に比例するが，モンテカルロ法では計算が難しい分配関数を精度をコントロールしながら直接計算できるなどの利点がある．

臨界現象に見られるスケール不変な現象を説明する理論的概念として，図 3.2 で紹介したような繰り込みと呼ばれるスケール変換を考えたが，上で述べた手法はテンソルネットワーク上のスケール変換であることから，**テンソル繰り込み群**と呼ばれている．

特に，テンソル繰り込み群では，従来概念的だった繰り込みがより汎用性をもつ操作的なものとして定義されており，さまざまな研究に活用されつつある．

これは一例であるが，このようにテンソルネットワーク表現を介することで，情報論的視点に基づいた研究が，物理のさまざまな分野で活発になってきている．

3.4 まとめ

沢山の原子分子からなる物質のことを考えるために，統計やエントロピーを取り入れたところから，物理と情報の相互関係がスタートした．その自然な流れかもしれないが，近年，物理と情報の結びつきはますます強いものとなってきつつある．

実際に，例えば，後半で取り上げた計算手法(モンテカルロ法とテンソルネットワーク法)とその応用にあるように，今後も物理と情報はお互いに強く相互作用しつつ研究が発展していくことが予想される．

ここでは，その一端を紹介したということで，ひとまず，沢山の物や事からできている世界の話を終えるとしよう．

参考文献

［1］伊庭幸人，種村正美，大森裕浩，和合肇，佐藤整尚，高橋明彦，『計算統計II──マルコフ連鎖モンテカルロ法とその周辺』(統計科学のフロンティア 12)，岩波書店，2005.

［2］原田健自，「物質の中に宇宙が見えてくる──スケールを超える臨界現象を探す」，『計算科学の世界』no. 11，理化学研究所計算科学研究センター，2015.

［3］福島孝治，「モンテカルロ法の基礎と応用──計算物理学からデータ駆動科学へ」，『物性研究・電子版』vol. 7, no. 2, p. 072214, 2018.

［4］西野友年，大久保毅，「テンソルネットワーク形式の進展と応用」，『日本物理学会誌』vol. 72, no. 10, p. 702, 2017.

第4章
数理最適化入門の入門

山下信雄
京都大学大学院情報学研究科

本章では，数理工学の中でも課題解決に直結したテーマである数理最適化について概説する．解きたい問題があるときに，数理工学では，まず，その問題を抽象化した数理モデルを構築する (図 4.1)．次に，その数理モデルを数学とコンピュータを駆使した解法で解く．さらに得られた解やモデルの妥当性を評価し，それらが課題解決につながらない場合は再度モデル化を試みる．数理最適化においては，その数理モデルが数理最適化モデルとなり，解法は数理最適化アルゴリズムとなる．さらに，評価においては，感度解析などとよばれる手法が用意されている．本章では，数理最適化モデル，数理最適化の理論，さらに数理最適化のアルゴリズムについて，高校数学とつながりを意識しながら解説する．

図 4.1 数理最適化による問題解決フロチャート

4.1 数理最適化問題

工学や社会の課題の多くは，達成したい目標を持っている．例えば，投資においては，現在の所持金をさまざまな資産に投資して，できるだけ儲けるという目標がある．その目標の達成に最適な答え (例えば各資産の投資金額) を見つける問題が最適化問題である．最適化問題では，答えが満たさなけれ

100 第 4 章 数理最適化入門の入門

ばならない条件があることが多い. 例えば, 投資においては儲けることが目
標であっても, 予算の条件が与えられていることがある. そのような答えが
満たすべき条件を**制約条件**という. 最適化問題の中でも, 制約条件や目標が
数式で表された問題を数理最適化モデルあるいは**数理最適化問題**とよぶ.

数理最適化問題は以下のように表される.

数理最適化問題

$$
\begin{aligned}
&目的: \quad f(\boldsymbol{x}) \quad \rightarrow \quad 最小 (または最大) \\
&条件: \quad h_i(\boldsymbol{x}) = 0, \quad i = 1, \cdots, m \\
&\qquad\quad g_j(\boldsymbol{x}) \leqq 0, \quad j = 1, \cdots, r \\
&\qquad\quad \boldsymbol{x} \in S
\end{aligned}
\tag{4.1}
$$

ここで, $\boldsymbol{x}$ は n 次元のベクトルであり[1], 数理最適化問題において求めた
い (決定したい) n 個の変数である. これを**決定変数**とよぶ. 例えば, 投資の
問題では, 各資産への投資金額を表している. 一行目にある「目的 : $f(\boldsymbol{x}) \rightarrow$
最小」は,「関数 f を最小とする $\boldsymbol{x}$ を求めよ」という意味である. 同様に,「目
的 : $f(\boldsymbol{x}) \rightarrow$ 最大」は,「関数 f を最大とする $\boldsymbol{x}$ を求めよ」という意味となる.
最大または最小にしたい目標の関数 f を**目的関数**とよぶ. なお, 目的関数が
$\hat{f}$ で与えられている最大化問題に対しては, $f(\boldsymbol{x}) := -\hat{f}(\boldsymbol{x})$ とすることに
よって, 等価な最小化の問題に変形することができる.「条件 :」からの行は,
「～という条件のもとで」という意味で, $\boldsymbol{x}$ が満たすべき条件を記述している.
これらの条件をすべて満たした点 $\boldsymbol{x}$ を**実行可能解**とよび, 実行可能解の集合

$$
\begin{aligned}
\mathcal{F} \equiv \{\boldsymbol{x} \in R^n \mid \, &h_i(\boldsymbol{x}) = 0, \, i = 1, \cdots, m, \\
&g_j(\boldsymbol{x}) \leqq 0, \, j = 1, \cdots, r, \, \boldsymbol{x} \in S\}
\end{aligned}
$$

を**実行可能領域**とよぶ. 制約条件の最後の条件 $\boldsymbol{x} \in S$ は等式や不等式で表
すよりも, 集合として表したほうが都合がよい条件である. 例えば, $S =
\{0, 1\}^n$ のときは, $\boldsymbol{x}$ の各成分 x_i が 0 または 1 となることを表している.

実行可能領域 $\mathcal{F}$ において目的関数 f を最小にする $\boldsymbol{x}$ を求める数理最適化
問題において, すべての実行可能解 $\boldsymbol{x} \in \mathcal{F}$ に対して不等式 $f(\boldsymbol{x}^*) \leqq f(\boldsymbol{x})$

---

1) 本章では太字であらわした変数はベクトルを表している.

を満たす実行可能解 x^* を**大域的最適解**とよぶ (図 4.2). 目的関数や実行可能領域が特別な形をしていないとき大域的最適解を求めることはコンピュータでも難しい. そのようなときには, 大域的最適解の代替として, 次に定義する局所的最適解を考える. 実行可能解 $\widehat{x} \in \mathcal{F}$ に対して, 次の条件を満たす正の定数 ε が存在するとき $\widehat{x}$ を**局所的最適解**とよぶ (図 4.2 参照).

$$f(\widehat{x}) \leqq f(x), \qquad \forall x \in B(\widehat{x}, \varepsilon) \cap \mathcal{F} \tag{4.2}$$

ただし, $B(\widehat{x}, \varepsilon) = \{x \in R^n \mid \|x - \widehat{x}\| \leqq \varepsilon\}$ である. 局所的最適解とは, 簡単に言えば, 局所的な変更ではこれ以上目的関数値を改善できない実行可能解のことである.

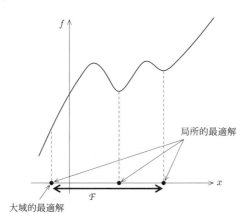

図 **4.2** 大域的最適解と局所的最適解

4.2 高校で習う数理最適化

◎——**4.2.1 2 次関数の最大・最小**

高校の「数学 I」では, 区間 $[\ell, u]$ において 2 次関数 $ax^2 + bx + c$ の最大・最小となる x の求め方を習う. この問題は以下のように数理最適化問題として表せる.

$$\begin{aligned} \text{目的：} & \quad ax^2 + bx + c \;\to\; \text{最小} \\ \text{条件：} & \quad \ell \leqq x \leqq u \end{aligned} \tag{4.3}$$

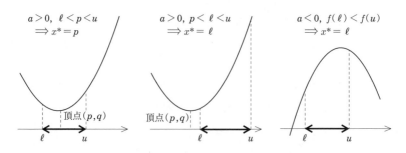

図 4.3 区間上での 2 次関数の最小化

高校数学では 2 次関数のグラフを書くことによって，最適解を求める．まず $a > 0$ の場合の最適解をみてみよう．図 4.3 にあるように，放物線の頂点 $(p, q) = \left(-\dfrac{b}{2a}, -\dfrac{b^2}{4a^2} + c\right)$ の x 座標と上下限 $[\ell, u]$ の関係で最適解 x^* が求まる．いま，三つの値の中央値を与える関数を mid とすると $x^* = \mathrm{mid}\left(\ell, -\dfrac{b}{2a}, u\right)$ となる．次に $a \leqq 0$ の場合を考えてみよう．この場合は，区間 $[\ell, u]$ の端点，つまり ℓ か u で最小となる．このときは端点 ℓ と u の目的関数値 $f(\ell), f(u)$ を比べて，小さい方の端点が最適解となる．

◎──4.2.2　連立不等式と 1 次関数の最大・最小

次に高校で習う数理最適化は，1 次関数の不等式で表された領域内で，1 次関数の最大または最小となる座標を求める問題である．例えば以下のような問題である．

$$\begin{aligned}&\text{目的：}\quad 3x + 2y \;\to\; \text{最大}\\ &\text{条件：}\quad x \geqq 0,\; y \geqq 0,\; x + 2y \leqq 6,\; 2x + y \leqq 6\end{aligned} \quad (4.4)$$

このような問題は**線形計画問題**とよばれている．

問題 (4.4) の実行可能領域は図 4.4 左のように書ける．高校数学では，目的関数を直線 $3x + 2y = k$ と表し，この直線が実行可能領域と交わるなかで最大になる k を求めることによって最適解を求める．直線は $y = -\dfrac{3}{2}x + \dfrac{k}{2}$ と表せるため，k が大きくなるように (切片 $\dfrac{k}{2}$ が大きくなるように) 直線を動かしたとき，直線は平行に上へ移動する (図 4.4 右)．k を大きくしすぎると，直線は実行可能領域から離れてしまう．最大となる k では，直線は実

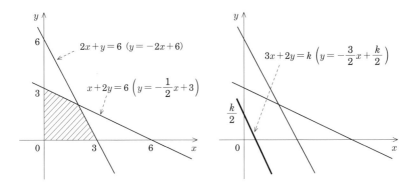

図 4.4 連立不等式と 2 次関数の最大・最小

行可能領域の一つの頂点と交わっている．つまり，実行可能領域の頂点の一つが最適解となる．そのため，各頂点に対して，その頂点を通る直線 $3x + 2y = k$ の k を求めれば，最適解を見つけることができる．

◎——4.2.3 高校で習う数理最適化との違い

前副節で紹介した高校数学による数理最適化問題の解き方は，図を"見る"ことに依存している．決定変数の数が多くなる問題では，図に書くことができないため，このような方法で解くことができない．

高校での数理最適化と，大学で学び社会で活用されている数理最適化の違いを以下の表にまとめる．

	変数の数	関数	条件	問題
高校数学	1～2	1～2 次関数	図にかける	数学の 1 問題
大学や社会	たくさん	一般の関数	図にかけない	役立つ問題

高校での数理最適化問題は数学の 1 問題であり，この問題が解けることのメリットは大学受験で合格することぐらいであろう．一方で，大学 (の数理工学関連の学科) で習う数理最適化問題は社会に根差したもので，それが解けることによって社会の改善に大いに役立つものであり，さまざまなところで活用されている．これらの問題は，変数も多く，図に書くことができない．そのため，数理的根拠に基づいた最適性の理論を考え，コンピュータを使って解く必要がある．もちろん，これらの数理最適化は大学から突然現れ

るものではなく，高校数学からの延長線上にあることを忘れてはいけない．

4.3 数理最適化の応用問題

数理最適化で扱われる応用問題は枚挙にいとまがない．以下では，高校数学の延長として理解できる数理最適化モデルをいくつか紹介しよう．

◎——**4.3.1 データ解析**

多量のデータが与えられたとき，そこから有益な知見を得ることがデータ解析や機械学習の目的である．データ解析や機械学習の基礎となるのが以下で紹介する**最小二乗法**である．最小二乗法は，与えられた入出力のデータ $(\boldsymbol{a}^i, b^i)$, $i = 1, \cdots, T$ から，そのデータの入出力関係に適合した関数，つまり $b^i = f(\boldsymbol{a}^i)$, $i = 1, \cdots, T$ となるような関数 f を求める方法である．一般の関数の集合から f を選ぶとなると自由度が高すぎ，問題も難しくなる．そこで，関数に何かしらの制限を加えた関数の数理モデルを考える．もっとも簡単な数理モデルは線形モデルである．a が 1 次元のときは，$f(a; x) = ax$ として，パラメータ x によって 1 次関数を表す．このとき関数 f を求めることは，パラメータ x を求めることに置き換えられる．以下では，バネ定数 x を実験結果から求める問題を考えよう．

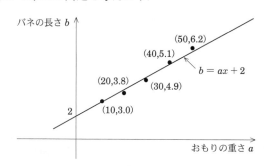

図 **4.5** 最小二乗法

次の表のようにバネにつるした重りの質量とバネの長さに関する実験結果が得られていたとする．

重りの質量	10	20	30	40	50
バネの長さ	3.0	3.8	4.9	5.1	6.2

さらに，バネの元の長さが 2 cm であったとする．このときバネ定数を x とすると，バネの長さの線形モデルは，長さ $= f(質量; x) = x \times 質量 + 2$ となる．質量 10 のときの長さは 3.0 であるから，バネ定数は 1.0 となる．しかし，他の質量の結果で計算するとバネ定数は 1.0 にならない．これは，測定に誤差があるからである．いま，線形モデルと測定値の差 $|f(a^i, x) - b^i|$ を誤差と考えることにする．ただし，(a^i, b^i) は重りの質量とバネの長さの測定値のペアである．この誤差が小さくなるようにバネ定数を求める．このとき，誤差の二乗の和が最小となるようにした数理最適化問題が次の最小二乗問題である．

目的：$(10x + 2 - 3)^2 + (20x + 2 - 3.8)^2 + (30x + 2 - 4.9)^2$
$\qquad + (40x + 2 - 5.1)^2 + (50x + 2 - 6.2)^2 \quad \rightarrow \quad$ 最小

条件：$x \in R$

$$(4.5)$$

これは 2 次関数の最適化問題となるため，高校数学の知識で解くことができる．

　一般に，入力 a に対して出力 b を返す数理モデル $b = f(a; x)$ があったとしよう．ここで，x は数理モデルのパラメータである．最小二乗問題 (4.5) は，与えられたデータ (a^i, b^i), $i = 1, \cdots, T$ から，数理モデルのパラメータ x を求める問題へと一般化できる．例えば，ニューラルネットワークの学習も，神経回路の数理モデルに対して，データに適合するようにパラメータを求める最小二乗法とみなすことができる．

◎──**4.3.2　金融工学**

　金融工学の課題は，資産の評価と運用である．資産の評価は，資産価値を計算したり，将来の値動きを数理モデル化したりすることであり，データ解析と密接に関係している．一方，資産の運用では将来の資産価値を最大化するための投資戦略を考えることである．ここでは，資産の運用について考える．

106   第4章 数理最適化入門の入門

　運用を考える上で大切になるのはリスクとリターンである．リスクとはその運用における損失であり，これはなるべく小さくしたい．一方，リターンは儲けのことであり，これは大きくしたい．以下では簡単のため，日経平均に連動した投資信託のみに投資する場合を考える．この投資信託の現在価格を p，翌日の価格を P とする．ここで，価格 P は確率変数である．さらに，翌日の収益率を $R = \dfrac{P-p}{p}$ と定義すると，これも確率変数となる．この投資信託への投資割合を x とする．つまり現在の所持金を x の割合で投資信託に投資し，残りの $1-x$ の割合で現金で保持するとする．リスクとリターンを考慮して，最適な投資割合 (ポートフォリオ) x を求めたい．そのためには，リスクとリターンの数理モデルが必要となる．

　まず，リターンを考える．データ解析などの数理工学の手法によって，収益率 R の期待値 r と分散 σ が計算できていたとしよう．現金の収益率は 0 とすると，ポートフォリオ x の収益率の期待値 (期待収益率という) は $rx + 0 \times (1-x) = rx$ となる．この期待収益率をリターンの数理モデルとすることにする．

　次にリスクを考えよう．翌日の投資結果が期待収益率 rx に一致すればよいが，収益率 R は確率変数のため rx からブレてしまう．経済学における理論によれば，合理的な投資家は同じ期待収益率であればそこからのブレが小さいポートフォリオを選択するとされている．そこで，ブレの大きさをリスクと考えることにする．確率変数のブレの大きさを表す指標の一つに分散がある．投資信託の収益率 R の分散が σ^2 であるとき，ポートフォリオ x の分散は σx^2 となることが簡単な計算で示せる．この σx^2 をポートフォリオ x のリスクの数理モデルとする．

　上記で定義したリターンを最大化し，リスクを最小化する数理最適化問題は，以下のように表せる．

$$
\begin{aligned}
&\text{目的：} \quad \sigma x^2 - \alpha r x \;\rightarrow\; \text{最小} \\
&\text{条件：} \quad 0 \leqq x \leqq 1
\end{aligned}
\tag{4.6}
$$

ここで，α はリスクとリターンのバランスを考える非負の定数で，投資家によって異なるものである．ハイリスクハイリターンを好む人は α が大きくなる．また，リターン rx にマイナスがついているのは，リターンの最大化

を考えたいからである．この問題は問題 (4.3) となるため，高校数学の知識で解くことができる．

この単純な数理最適化モデルで毎日ポートフォリオを決定した場合の運用シミュレーションの結果を図 4.6 で与える．ただし，$\alpha = 1$ とし，収益率の期待値 r と分散 σ は過去の 100 営業日の実測値データから計算している．このシミュレーションは高校数学と短いプログラムだけで計算できる．

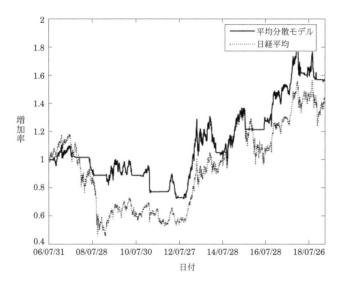

図 4.6　モデル (4.6) によるシミュレーション結果

リターンを期待収益率，リスクを分散で表すモデルは平均分散モデルとよばれ，このモデルを提案したマーコヴィッツはその貢献によりノーベル経済学賞を受賞している．

◎——**4.3.3　ナップサック問題**

ナップサック問題とは，ナップサックに入れて持っていくもの (所持品) を決める問題であり，これまで紹介した数理最適化問題のように量 (バネ定数や投資割合) を決める問題と異なる最適化モデルとなる．

いま，ナップサックの容量を 100 とし，ナップサックに入れる候補の品の満足度と容量が以下のように与えられているとする．

108   第4章　数理最適化入門の入門

品物	お菓子	お弁当	着替え	ゲーム機	虫かご	ジュース
満足度	10	60	20	5	5	15
容量	20	30	40	25	30	10

ナップサックの容量内で，満足度の合計が最大となるように所持品を決め
たい．ただし，各品物は高々一つしか入れないものとする．

以下では表記を簡単にするために，お菓子は 1，お弁当は 2，着替えは 3
というように，品物に番号を付ける．その番号に対応して，各品物の満足度
を $c_1, c_2, \cdots, c_6$，容量を $a_1, a_2, \cdots, a_6$ とする．

この問題では，各々の品物を入れるか入れないかを決めなければならない
ので，品物 i を入れるときには 1，入れないときには 0 となるような決定変
数 x_i を考える．これらの変数を用いれば，ナップサックの所持品はベクト
ル $\boldsymbol{x} = (x_1, x_2, \cdots, x_6)^\top$ で表され[2]，その所持品で得られる満足度の合計
は $\sum_{i=1}^{6} c_i x_i$ となる．さらに，その所持品の総容量は $\sum_{i=1}^{6} a_i x_i$ であるから，制
約条件は $\sum_{i=1}^{6} a_i x_i \leqq 100$ となる．以上よりこのナップサック問題は次のよう
に定式化できる．

$$
\begin{aligned}
\text{目的：} & \quad \sum_{i=1}^{6} c_i x_i \quad \rightarrow \quad \text{最大} \\
\text{条件：} & \quad \sum_{i=1}^{6} a_i x_i \leqq 100, \ x_i \in \{0, 1\}, \quad i = 1, \cdots, 6
\end{aligned}
\tag{4.7}
$$

この問題の決定変数は，値が 0 または 1 という離散的な値をとる．このよ
うな離散的な制約条件をもつ問題を**組合せ最適化問題**という．J リーグなど
のスポーツの対戦スケジュールを決める問題や，運送会社が最適な配送計画
を作成する問題などは，このような組合せ最適化問題として定式化できる．

---

2) ここで，$\top$ は転置記号を表す．転置記号がついたベクトルは縦と横が入れ替わる．

$$
(a_1, a_2, \cdots, a_n)^\top = \begin{pmatrix} a_1 \\ a_2 \\ \vdots \\ a_n \end{pmatrix}, \quad \begin{pmatrix} a_1 \\ a_2 \\ \vdots \\ a_n \end{pmatrix}^\top = (a_1, a_2, \cdots, a_n)
$$

4.4 数理最適化の理論

数理最適化では，最適解の性質を数理的に解明し，その性質に基づいたアルゴリズムによって，最適解を求める．この節では，数理最適化の理論の一部を紹介する．

◎──4.4.1 数学の準備

目的関数や実行可能領域が図に書けないときには，ある点の情報のみを使って最適解を探索したり最適解かどうかを判別したりしなければならない．この点の情報として重要なものの一つが目的関数などの微分値である．例えば，点 $x = t$ が与えられたとき，その点での微分値を用いて 2 次関数 $f(x) = ax^2 + bx + c$ を特定することができる．実際，点 t の関数値 $f(t)$ と 1 階および 2 階の微分値 $f'(t)$ と $f''(t)$ を用いれば，

$$f(x) = \frac{f''(t)}{2}x^2 + (f'(t) - f''(t)t)x + f(t) - f'(t)t + \frac{f''(t)}{2}t^2$$

とでき，1 点 t の情報だけで，関数全体が判明する．これはさらに一般化でき，p 次の多項式関数はある点 t の関数値と p 階までの微分値で特定することができる．また，多項式でない微分可能な関数，例えば指数関数であっても，微分を使うことによって多項式関数で近似することができる[3]．この近似された多項式関数を用いることによって，最適解であることを判定したり，アルゴリズムを構築することができる．微分は数理最適化において，非常に重要な道具となる．

数理最適化では多変数の関数を扱うため，多変数の微分を考える必要がある．そのときに使われるのが次に定義する勾配である．

$$\nabla f(\boldsymbol{x}) = \begin{pmatrix} \dfrac{\partial f(\boldsymbol{x})}{\partial x_1} \\ \dfrac{\partial f(\boldsymbol{x})}{\partial x_2} \\ \vdots \\ \dfrac{\partial f(\boldsymbol{x})}{\partial x_n} \end{pmatrix}$$

3）詳細については解析学のテーラー展開を調べてほしい．

ここで，$\dfrac{\partial f(\boldsymbol{x})}{\partial x_i}$ は f の x_i に関する偏微分である[4]．f が 1 次関数であるとき，つまり，n 個の定数 $a_i, i=1,\cdots,n$ を用いて，$f(\boldsymbol{x}) = \sum_{i=1}^{n} a_i x_i$ と表されているとき，$\nabla f(\boldsymbol{x}) = (a_1, a_2, \cdots, a_n)^\top$ となる．

次に数理最適化において重要な概念である，関数及び集合の凸性に関する定義を与える．関数 f が凸であるとは，

$$f(\alpha\boldsymbol{x}+(1-\alpha)\boldsymbol{y}) \leqq \alpha f(\boldsymbol{x})+(1-\alpha)f(\boldsymbol{y}) \quad \forall \boldsymbol{x},\boldsymbol{y} \in R^n, \forall \alpha \in [0,1]$$

が成り立つこといい，集合 S が凸集合であるとは，

$$\forall \boldsymbol{x},\boldsymbol{y} \in \mathcal{F} \Longrightarrow \alpha\boldsymbol{x} + (1-\alpha)\boldsymbol{y} \in S \qquad \forall \alpha \in [0,1]$$

が成り立つことをいう (図 4.7 参照)．簡単な計算から 1 次関数は凸関数となることがわかる．また，$a > 0$ がのときの 2 次関数 $ax^2 + bx + c$ も，

$$\alpha f(x) + (1-\alpha)f(y) - f(\alpha x + (1-\alpha)y)$$
$$= a\alpha(1-\alpha)(x-y)^2 \geqq 0$$

より，凸関数である．関数 f が凸関数であるとき，

$$f(\boldsymbol{x}) \geqq f(\boldsymbol{y}) + \nabla f(\boldsymbol{y})^\top (\boldsymbol{x} - \boldsymbol{y}) \tag{4.8}$$

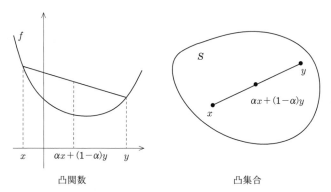

凸関数　　　　　　　　　　凸集合

図 **4.7**　凸関数と凸集合

---

4) x_i 以外の変数を固定した x_i だけの関数 f の x_i に関する微分のことで，$\dfrac{\partial f(\boldsymbol{x})}{\partial x_i} = \lim_{t \to 0} \dfrac{f(x_1,\cdots,x_{i-1},x_i+t,x_{i+1},\cdots,x_n) - f(\boldsymbol{x})}{t}$ と定義される．

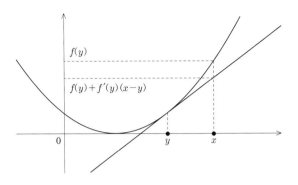

図 4.8 凸関数と接線

となることが知られている[5]．$n=1$ のときは，この不等式は図 4.8 にあるように凸関数の接線が f よりも下になることを表している．さらに，高校数学でも以下のように証明できる．$x=y$ のときは明らかに成り立つので $x \neq y$ のときを考える．まず，$\alpha \neq 1$ のときの凸関数の定義式を整理すると，

$$f(x) - f(y) \geqq \frac{f(y+\alpha(x-y)) - f(y)}{\alpha}$$

を得る．ここで，右辺を $\alpha \to 0$ とすると，

$$\lim_{\alpha \to 0} \frac{f(y+\alpha(x-y)) - f(y)}{\alpha}$$
$$= \lim_{\alpha(x-y) \to 0} \frac{f(x+\alpha(x-y)) - f(y)}{\alpha(x-y)} \times (x-y)$$
$$= f'(y)(x-y)$$

となるから，$n=1$ のとき (4.8) が成り立つ．

関数 $-f$ が凸関数となるとき，f を凹関数という．$a<0$ となる 2 次関数は凹関数である．また，1 次関数は凸関数かつ凹関数である．

◎──**4.4.2　最適解の性質**

高校数学での数理最適化の解き方の基本は目で見ることである．しかし，変数が多いときは図に書くことができない．また，コンピュータは見ること

---

5) 二つのベクトル $\boldsymbol{a}, \boldsymbol{b} \in R^n$ に対して，$\boldsymbol{a}^\top \boldsymbol{b} = \sum_{i=1}^{n} a_i b_i$ である．

112　第4章　数理最適化入門の入門

ができないため，コンピュータで判断できる最適解の条件が必要となる．そのような条件が**最適性の条件**である．以下では簡単のため制約条件を表す関数がすべて1次式である次の最適化問題を考える．

$$\begin{aligned}
\text{目的：}\quad & f(\boldsymbol{x}) \;\rightarrow\; \text{最小}\\
\text{条件：}\quad & (\boldsymbol{a}^i)^\top \boldsymbol{x} - b_i = 0, \quad i = 1, \cdots, m\\
& (\boldsymbol{c}^j)^\top \boldsymbol{x} - d_j \leqq 0, \quad j = 1, \cdots, r
\end{aligned} \tag{4.9}$$

ここで，$\boldsymbol{a}^i$ および $\boldsymbol{c}^j$ は n 次元の定数ベクトルである．この問題に対して，次の最適性の必要条件が知られている．

定理 4.1　点 $\boldsymbol{x}^*$ を問題 (4.9) の局所的最適解とする．このとき，次の等式と不等式を満たすベクトル $\boldsymbol{\lambda}^* \in R^m$ と $\boldsymbol{\mu}^* \in R^r$ が存在する．

$$\nabla f(x^*) + \sum_{i=1}^m \lambda_i^* \boldsymbol{a}^i + \sum_{j=1}^m \mu_j^* \boldsymbol{c}^j = 0 \tag{4.10}$$

$$(\boldsymbol{a}^i)^\top \boldsymbol{x}^* - b_i = 0, \quad i = 1, \cdots, m \tag{4.11}$$

$$\mu_j^* \geqq 0, \;\; (\boldsymbol{c}^j)^\top \boldsymbol{x}^* - d_j \leqq 0, \;\; ((\boldsymbol{c}^j)^\top \boldsymbol{x}^* - d_j)\mu_j^* = 0,$$
$$j = 1, \cdots, r \tag{4.12}$$

条件 (4.10)–(4.12) を**カルーシュ-キューン-タッカー条件** (KKT 条件) という．この条件は最適性の "必要" 条件であることに注意しよう．実際，この条件を満たしていても最適解にならないことがある．一方，次に示すように，f が凸関数であれば，これは最適性の十分条件となる．

定理 4.2　$(\boldsymbol{x}^*, \boldsymbol{\lambda}^*, \boldsymbol{\mu}^*)$ が KKT 条件 (4.10)–(4.12) を満たしているとする．さらに，f は凸関数とする．このとき $\boldsymbol{x}^*$ は問題 (4.9) の大域的最適解である．

証明　f が凸関数であることから，(4.8) より任意の実行可能解 $\boldsymbol{x}$ に対して，

$$f(\boldsymbol{x}) \geqq f(\boldsymbol{x}^*) + \nabla f(\boldsymbol{x}^*)^\top (\boldsymbol{x} - \boldsymbol{x}^*)$$

が成り立つ．これに条件 (4.10) を代入すると，

$$f(\boldsymbol{x}) \geqq f(\boldsymbol{x}^*) - \sum_{i=1}^m \lambda_i^* (\boldsymbol{a}^i)^\top (\boldsymbol{x} - \boldsymbol{x}^*) - \sum_{j=1}^r \mu_j^* (\boldsymbol{c}^j)^\top (\boldsymbol{x} - \boldsymbol{x}^*) \tag{4.13}$$

を得る. $\boldsymbol{x}$ と $\boldsymbol{x}^*$ は実行可能解であるから,

$$
\begin{aligned}
0 &= (\boldsymbol{a}^i)^\top \boldsymbol{x} - b_i - ((\boldsymbol{a}^i)^\top \boldsymbol{x}^* - b_i) \\
&= (\boldsymbol{a}^i)^\top (\boldsymbol{x} - \boldsymbol{x}^*)
\end{aligned}
$$

である. よって, (4.13) の右辺の第 2 項は 0 になる. 次に (4.13) の右辺の第 3 項を考える. さらに, $\mu_j^* \neq 0$ のときは, 条件 (4.12) より $(\boldsymbol{c}^j)^\top \boldsymbol{x}^* - d_j = 0$ となるから,

$$
\begin{aligned}
\mu_j^* (\boldsymbol{c}^j)^\top (\boldsymbol{x} - \boldsymbol{x}^*) &= \mu_j^* \left((\boldsymbol{c}^j)^\top \boldsymbol{x} - d_j - ((\boldsymbol{c}^j)^\top \boldsymbol{x}^* - d_j) \right) \\
&= \mu_j^* ((\boldsymbol{c}^j)^\top \boldsymbol{x} - d_j) \\
&\leq 0
\end{aligned}
$$

を得る. 最後の不等式は $\mu_j^* \geq 0$ であることと, $\boldsymbol{x}$ が実行可能解であることによる. よって, $\mu_j^* = 0$ の場合を含めて, $\mu_j^* (\boldsymbol{c}^j)^\top (\boldsymbol{x} - \boldsymbol{x}^*) \leq 0$ が成り立つ. 以上より, $f(\boldsymbol{x}) \geq f(\boldsymbol{x}^*)$ がいえる. $\qquad\square$

ここで, 2 次関数の最適化問題 (4.3) を考えてみよう. $a > 0$ のとき目的関数は凸関数となり, その勾配 (微分) は $2ax + b$ となる. 一方, 制約条件 $\ell \leq x \leq u$ は, 二つの不等式の制約条件 $-x - \ell \leq 0$ と $x - u \leq 0$ とみなすことができる. よって, この問題のカルーシュ-キューン-タッカー条件は以下のように書ける.

$$
\begin{aligned}
& 2ax + b - \mu_1 + \mu_2 = 0 \\
& \mu_1 \geq 0, \quad \ell - x \leq 0, \quad \mu_1(\ell - x) = 0 \\
& \mu_2 \geq 0, \quad x - u \leq 0, \quad \mu_2(x - u) = 0
\end{aligned}
$$

ここで, $\ell < -\dfrac{b}{2a} < u$ のときは, $x^* = -\dfrac{b}{2a}$, $\mu_1 = \mu_2 = 0$ とすれば, 上記の条件を満たす. つまり, x^* は最適解である. 一方, $-\dfrac{b}{2a} \leq \ell$ のときは, $x^* = \ell$, $\mu_2 = 0$, $\mu_1 = 2a\ell + b$ とすれば, $\mu_1 \geq 2a\dfrac{-b}{2a} + b = 0$ となるから KKT 条件を満たす. 同様に, $u < -\dfrac{b}{2a}$ のときは, $x^* = u$, $\mu_1 = 0$, $\mu_2 = -2au - b$ とすれば, KKT 条件を満たす. よって, 最適解は $x^* = \mathrm{mid}\left(\ell, -\dfrac{b}{2a}, u\right)$ となることがわかる. これは 4.2.1 節で図を見て導いたものと同じである.

114 第4章 数理最適化入門の入門

次に，$a < 0$ のとき，つまり目的関数が凹関数の場合を考える．4.2.1 節でも述べたように，区間の端点，つまり u か ℓ が最適解となる．このことも図を用いずに，数式だけ示そう．最適解 x^* は u と ℓ の内分点として表せる．つまり $x^* = \alpha\ell + (1-\alpha)u$ となる $\alpha \in [0,1]$ が存在する．いま，$f(\ell) \geqq f(u)$ の場合を考えよう．このとき，f は凹関数であるから

$$f(x^*) = f(\alpha\ell + (1-\alpha u)) \geqq \alpha f(\ell) + (1-\alpha)f(u) \geqq f(u)$$

となる．つまり，u も最適解となる．この事実を多変数の場合に一般化した次の定理が知られている．

定理 4.3 実行可能領域 $\mathcal{F}$ を凸多面体とする．目的関数が凹関数であれば，最適解の一つは凸多面体の頂点にある．

なお，1次関数は凸関数でもあり，凹関数でもある．よって，線形計画問題 (4.4) は KKT 条件から最適解を求めることもできるし，実行可能領域の頂点をしらみつぶしに調べることで最適解を見つけることもできる．線形計画問題に対する最適化アルゴリズムには前者に基づく内点法と後者に基づく単体法がある．

4.5 数理最適化アルゴリズム

与えられた問題の解を求める計算手続きを解法または**アルゴリズム**とよぶ．数理最適化問題の多くのアルゴリズムは最適解の候補を生成する手続きを繰り返し行う．そのようなアルゴリズムにおいて，もっとも基本的な手続きは，解きたい最適化問題から派生した簡単な問題を構成し，その派生した問題の最適解を利用して，もとの問題の最適解候補を生成するものである．そのような問題には大きく分けて二つある．一つはもとの最適化問題を近似した問題を用いるもので，そのような問題を**部分問題**とよぶ．もう一つは，実行可能領域などを分割して，複数の小さな問題を作るもので，その場合は**子問題**とよぶ．

近似問題である部分問題を使う手法は，おもに決定変数が連続的な量となる最適化問題で用いられる．部分問題を用いるアルゴリズムでは，部分問題の構築とその部分問題の求解を繰り返す．以下に，そのような手法の概略を記す．

ステップ 0 部分問題 P^0 を構築する．$k = 0$ とする．

ステップ 1 部分問題 P^k の最適解を求め，それを x^{k+1} とする．

ステップ 2 x^{k+1} が最適解であれば終了．

ステップ 3 x^{k+1} を利用して部分問題 P^{k+1} を構築する．$k := k+1$ としてステップ 1 へ．

このアルゴリズムでは，最適解が求まるまで，ステップ 1→ステップ 2→ステップ 3→ステップ 1→ ⋯ と繰り返し計算していく．

以下では，具体的な例としてニュートン法を考え，次の制約条件がない最適化問題を解いてみよう．

$$\text{目的:}\quad x - \log x \quad \rightarrow \quad \text{最小} \tag{4.14}$$

x^k が与えられたとき，ニュートン法の部分問題 P^k は目的関数 $f(x) = x - \log x$ を 2 次関数 $q^k(x) = f(x^k) + f'(x^k)(x - x^k) + \dfrac{1}{2} f''(x^k)(x - x^k)^2$ で近似した次の最適化問題となる．

$$P^k \quad \text{目的:}\quad q^k(x) \quad \rightarrow \quad \text{最小} \tag{4.15}$$

部分問題 P^k は高校数学で解け，その最適解は $x^{k+1} = x^k - \dfrac{(x^k)^2}{2}\left(1 - \dfrac{1}{x^k}\right)$ となる．いま，$x^0 = 0.5$ としてニュートン法を適用すると，以下の表のように数列 $\{x^k\}$ が計算される．

k	0	1	2	3	4	5
x^k	0.5	0.625	0.742	0.838	0.906	0.948

この数列 $\{x^k\}$ は計算を繰り返すと最適解 $x^* = 1$ に収束していく．なお，$x^0 = 10$ として始めると，x^k は最適解に近づかず発散してしまう．そのようなときは，部分問題などに何らかの工夫をほどこす必要がある．ところで，高校で習うニュートン法は 1 変数の方程式の解 (根) を求めるものであった．上記の数理最適化問題に対するニュートン法は，最適性の条件 $f'(x) = 0$ を 1 変数の方程式として見立てたときのニュートン法と一致する．

次に子問題を生成することによって，最適解を求めるアルゴリズムを簡単に紹介しよう．このようなアルゴリズムは，おもに，実行可能領域が分割しやすい組合せ最適化問題で用いられる．具体的な例として，ナップサック問

116   第 4 章　数理最適化入門の入門

題を考えてみよう. ナップサック問題は, 商品 i を選択した場合の子問題
と, 選択しない場合の子問題の二つに分割することができる. それぞれの子
問題を解いて, 最適値がよい方の解を選べば, それが分割する前の問題の最
適解となる. 分割された問題が簡単に解けないときは, さらに子問題に分割
していく. このように子問題に分割していけば, 変数の少ない子問題とな
り, いつかは簡単に解くことができるようなる. ただし, 分割を増やせば,
子問題の数は爆発的に増える. 実際, 品物の候補数が 100 となるナップサッ
ク問題をすべて分割した場合, 2^{100} 個もの子問題ができてしまう. 分枝限定
法とよばれる手法では, 計算が必要となる子問題を上手に絞り込むことに
よって, 少ないの数の子問題を解くだけで最適解を求める. 例えば, 前に紹
介したナップサック問題の具体例において, 品物 2 (お弁当) を入れた場合
は, その満足度は 60 以上になる. 一方, 商品 2 を入れない場合は, 他のす
べての品物を入れたとしても, 満足度は 60 を超えない. そのため, 商品 2
を入れない子問題は考える必要がなくなる.

4.6　おわりに

本章では, 高校数学から発展した数理最適化のさわりを紹介した. 数理最
適化は, 微分や数列, 連立方程式など, 中学・高校でならう数学が基礎と
なっている. もちろん, これらの数学だけではより現実的な問題を解くこと
ができない. そのためには, 大学の 1, 2 年生で習う微積や線形代数, あるい
は力学の知識が必要となる. これらと最適性の理論およびプログラミングな
どの基礎的な技術を組み合わせることによって, 機械学習や金融工学, 経営
などに現れる, 何万変数を超える大規模かつ複雑な現実問題が解けるように
なる.

最後に, 今後の勉強のための専門書をいくつか紹介しよう. まず, 数理最
適化問題の応用先を知りたい場合は [6] がよいであろう. 本章で省略した組
合せ最適化問題の数々の応用を知ることができる. 大学での基礎的な数学を
習った方が数理最適化の全般を知るための本としては [5] をお薦めする. 最
適化のアルゴリズムの詳細をさらに学ぶためには, 連続最適化 (決定変数が
連続的な量となる数理最適化) のアルゴリズムは [2, 7], 組合せ最適化のア
ルゴリズムは [3] がよいであろう. 特に, データ解析や機械学習に興味があ

る方には [2] をお薦する. 連続最適化の理論や凸解析に興味がある方には [4] がよい. ただしかなり難しい内容を含んでいる. 数理工学全般に興味がある方には『数理工学事典』[1] もある. 高価で嵩もあるため個人で所有することはお薦めできないが, ちょっとした調べ物をするときには有用である.

参考文献

[1] 茨木俊秀, 片山徹, 藤重悟 (監修), 『数理工学辞典』, 朝倉書店, 2011.

[2] 金森敬文, 鈴木大慈, 竹内一郎, 佐藤一誠, 『機械学習のための連続最適化』(機械学習プロフェッショナルシリーズ), 講談社, 2016.

[3] 久保幹夫, 『組合せ最適化とアルゴリズム』(インターネット時代の数学シリーズ 8), 共立出版, 2000.

[4] 福島雅夫, 『非線形最適化の基礎』, 朝倉出版, 2001.

[5] 福島雅夫, 『数理計画入門』(新版), 朝倉出版, 2011.

[6] 藤澤克樹, 梅谷俊治, 『応用に役立つ 50 の最適化問題』(応用最適化シリーズ), 朝倉出版, 2011.

[7] 田村明久, 村松正和, 『最適化法』(工系数学講座 17), 共立出版, 2002.

第5章
制　御
畑中健志
大阪大学大学院工学研究科

5.1　制御工学の基礎

◎──5.1.1　ブロック線図とフィードバック制御

　意味は知っていても，「制御」という言葉を日常で使う機会はあまりないのではないだろうか．しかし，これを英語に訳したコントロール (control) は日常的に使う言葉である．野球で「コントロールが良い」とは"ボールを自分の思ったとおりに操る"能力が高い選手のことをいう．ゲームのコントローラ (controller) はプレイヤーが"キャラクターを思うように操る"ための道具である．本章で紹介する制御もこれらと同じで"対象となるものを自分の思うように操る"ことを意味しており，制御工学はこの目的を達成するための方法論を与える学術分野である．

　以下では，移動ロボットを図 5.1 のように任意の位置から目標の位置に制御することを考えよう．制御工学では，制御する対象 (制御対象とよばれる)

図 5.1　移動ロボットの制御 (左図：全方向移動ロボット，右図：制御目標) ⓒ計測自動制御学会

図 5.2 ブロック線図

を図 5.2 のような図によって抽象的に表現する[1]．この図はブロック線図とよばれる．図中央のボックスは制御対象そのものを表し，図 5.1 の例の場合，ロボットがこれに対応する．つぎに，制御対象から右に向かってのびる矢印に注目する．これは我々が特に注目し，制御したい量を表しており，これを出力とよぶ．図 5.1 の場合，ロボットの位置が出力に相当する．他方，左から制御対象に入る矢印は入力とよばれ，これは我々が自由に決めることができ，かつ出力に影響を与えることができる量を表す．図 5.1 の場合，ロボットに取り付けられた車輪のトルクあるいは DC モータへの印加電圧がそれにあたる[2]．最後に，上部から制御対象に入る矢印は人為的に操作できないが，出力に影響を与える量であり，外乱とよばれる．

一般に制御工学の目的は，制御対象に加わる外乱の影響を抑制しつつ，出力と目標値の偏差を小さく抑えることである．いま，出力を y，目標値を r と表記すると，偏差は $e = r - y$ となる．直感的に，図 5.1 のように目標値が現在のロボットの右側にある場合はロボットが右に進むように入力 u を加え，e の正負が逆の場合は逆方向に入力 u を与えれば良いことがわかる．この直感は，出力 y をセンサを用いて計測し，そこから計算される偏差 e に基づいて，入力 u を決定することを想起する．このように，偏差に基づいて入力を決定する制御方式はフィードバック制御とよばれ，このフィードバックの概念こそが制御工学の根幹を成す．このとき，偏差信号 e から入力信号 u を決定するシステムのことをフィードバック制御器，または単に制御器とい

---

 1) ロボットに限らず，図 5.2 で描かれるようなものはすべて制御工学の対象となりうる．その他の数理工学分野もそうであるように，この扱う対象の広さが制御工学の魅力の一つである．実際，電気，機械，化学，情報といった諸工学分野はもちろん，生物学，生命科学，経済学などにも対象を見出すことができる．一般的な制御工学の対象の例については文献 [1] を，より先進的な例は [2] を参照されたい．
 2) 市販のロボットはタブレットやスマートフォン等から与えた速度指令に従うように事前にプログラムされている場合も多く，その場合は速度指令が入力となる．

い，その設計が制御工学の課題である．なお，フィードバック制御器を加えたブロック線図は図 5.3 で与えられ，図のシステムのことをフィードバック制御系とよぶ．

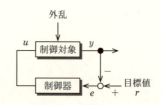

図 5.3　フィードバック制御系

さて，一般論に入る前に，図 5.1 のロボットに対して，定数 K_p を用いた制御器 $u = K_p e$ を実装してみよう．ここで，$K_p = 0.2, 0.7, 1.0$ という三種類の制御器を用意した．各制御器を適用した際のロボット位置の時間応答を図 5.4 に，スナップショットを図 5.5 に示す．なお，図 5.5 において，時間は (i) から (vi) に向かって流れる．最も小さい $K_p = 0.2$ では，目標値への接近に非常に長い時間を要してしまい，望ましくない．つぎに，$K_p = 0.7$ に対するロボットの挙動を確認すると，より早く目標値に漸近することが確認できる．制御工学にはこのように良好な制御器を系統的に設計する方法論が用意されている．これらは極めて重要であるが，文献 [1] や [2] などの標準的な教科書に任せることにして議論を先に進める．

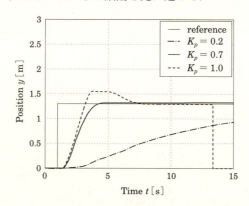

図 5.4　さまざまな K_p に対する時間応答 ⓒ計測自動制御学会

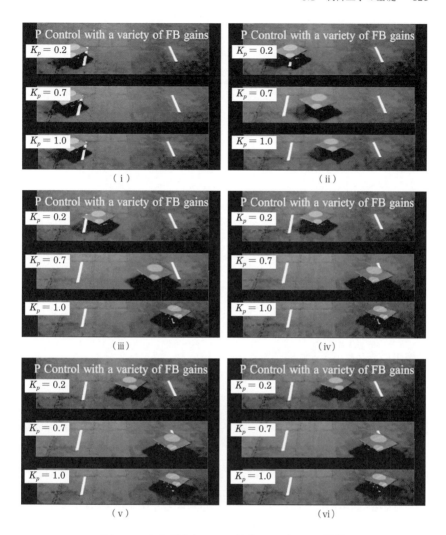

図 5.5 さまざまな K_p に対するロボットの挙動

以上より，$K_p = 0.2$ よりも $K_p = 0.7$ の方が良い結果を得たため，これをさらに大きくしていくことでさらなる性能の改善が予想される．そこで，最も大きい $K_p = 1.0$ に対する応答を確認する．このとき，ロボットが素早く目標値に接近するが，いったん目標値を超えてから戻るため，目標値との一致には過度な時間を要している．また，一般にこのような制御系は外乱に

対しても脆弱である。さらに、K_p を大きくしていくと、システムは不安定化し、ロボットは行ったり戻ったりを繰り返しながら発散する。ここで注目すべきは図 5.1 のように、何もしなければ発散しようのない対象がフィードバックによって不安定化しうるという事実である。

以上の例が示唆するとおり、安定なシステム同士をフィードバックでつないだフィードバック制御系は安定になるとは限らない。不安定化は極端な例ではあるが、図 5.4 に示される応答の劣化は頻繁に生じる。奇しくも現代はIoT 技術によって、さまざまなモノが「つながる」未来が構想されている。つなぐ対象に動的な要素が潜み、制御工学の視点を欠いた設計が行われるのであれば、予期せぬ問題が引き起こされる可能性がある。以下に一つ例を示そう。

複数の車両から構成される図 5.6 の車列を考える。先頭車以外は前方車の位置や速度をフィードバックしつつ自身の入力を決定する。いま、先頭車が急ブレーキを踏んだとする。その際のシミュレーション結果のスナップショットが図 5.6 である。なお、時間は上から下に向かって流れる。図より先頭車の急ブレーキの影響が後ろに行くに従って増大しながら伝播し、衝突が生じている様子が確認できる。衝突は極端な例ではあるが、この現象が高速道路で生じる渋滞の 6, 7 割を説明する。すなわち、このタイプの渋滞は、ドライバが前方車を参照して車両がつながったことで顕在化した不安定性によって引き起こされる。

以上の問題の解決策として自動運転技術や第 5 世代移動体通信 (5G) 技術の利用が考えられる。これらが課題解決にポジティブな影響をもつことは制御工学の視点から見ても正しい。しかしながら、これらのみによる完全な問題解決は難しい。実際、図 5.6 はシミュレーションであって、自動運転が模擬されているとみなすことができる。また、車両間の情報のやり取りは、5G どころか遅れゼロの理想化された通信を仮定している。にもかかわらず、図 5.6 の不安定現象は生じるのである。

次節以降に示すことになるが、本章の主題の一つは上のようにネットワーク化されたシステムをいかに安定的に制御するかという問題である。本節の残りの部分は、次節以降の準備として、ここまでは一般用語として使っていた「システム」や「安定」という言葉の正確な表現や定義を与える。

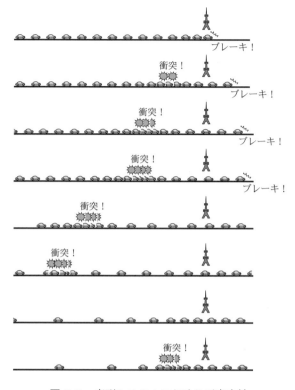

図 5.6　車列システムにおける不安定性

◎——5.1.2　動的システムの数理モデル

一般に制御工学が対象とするシステムは動的なシステムである．ここで，動的なシステムとはある時刻 τ における出力の値 $y(\tau)$ が現時刻における入力値 $u(\tau)$ だけでなく，過去の入力の履歴にも依存するようなシステムを指す．その特性を表現する常用の数理モデルとしては，微分方程式と伝達関数とよばれるものの二種類がある．本章では後の節との整合性を考慮して，微分方程式表現のみを扱うこととする．

微分方程式表現はシステムの内部変数 x_p を用いて，

$$\dot{x}_p = f_p(x_p, u), \quad y = h_p(x_p) \tag{5.1}$$

と表されるのが一般的である．ここで，x_p は縦ベクトルである．また，$\dot{x}_p$ は x_p の時間に関する微分を表し，以降変数の時間に関する微分は同様の表

124 第5章 制御

記を用いる．内部変数 x_p は制御対象の状態[3]とよばれ，(5.1) 式は状態空間表現とよばれる．このとき，両辺を時間に関して積分すれば，

$$x_p(\tau) = x_p(0) + \int_0^\tau f(x_p(t), u(t)) \, dt \tag{5.2}$$

となり，$x_p(\tau)$ ひいては $y(\tau) = h_p(x_p(\tau))$ が過去の u の履歴に依存することが確認できる．

さて，図5.3から明らかなように，制御器は入力 e，出力を u とするシステムである．前項の例では $u = K_p e$ とした．これは制御器の出力である u が現時刻の y のみから決まる静的システムであることを意味する．しかしながら，制御器も動的システムとするのが一般的である．実際，前項の例でも動的な制御器を用いることでさらなる性能の向上が達成される．そこで，制御器の状態を x_c と表記し，その状態空間表現を

$$\dot{x}_c = f_c(x_c, e), \quad u = h_c(x_c, e) \tag{5.3}$$

と表現する．ここで，(5.1) 式の h_p とは違って，h_c の引数に制御器への入力である e を加えており，こうすることで $u = K_p e$ も (5.3) 式で表せる．簡単のため $r = 0$ とすると，(5.3) 式は次式となる．

$$\dot{x}_c = f_c(x_c, -y), \quad u = h_c(x_c, -y) \tag{5.4}$$

では，フィードバック制御系全体のモデルはどのように表せるだろうか．(5.1) 式と (5.4) 式を統合すると

$$\dot{x}_p = f_p(x_p, h_c(x_c, -h_p(x_p))), \quad \dot{x}_c = f_c(x_c, -h_p(x_p)), \tag{5.5}$$

すなわち，

$$\begin{bmatrix} \dot{x}_p \\ \dot{x}_c \end{bmatrix} = \begin{bmatrix} f_p(x_p, h_c(x_c, -h_p(x_p))) \\ f_c(x_c, -h_p(x_p)) \end{bmatrix} \tag{5.6}$$

を得る．ここで，x_p と x_c を縦に並べて $x = [x_p^T \ x_c^T]^T$（T は転置を表す）を定義すると，(5.6) 式の右辺は x が決まれば算出できる，すなわち x の関数であることがわかる．そこで，この右辺を $F(x)$ と表そう．そうすると，(5.6) 式は

$$\dot{x} = F(x) \tag{5.7}$$

---

3) (5.1) 式より，出力 y の時間発展は初期状態と入力信号から完全に記述することができる．そのような変数であることが状態の厳密な定義である．

とかける．これは通常の微分方程式であって，その挙動は動的システム論に基づいて解析できる．

上の (5.7) 式を得る過程において，制御対象 (5.1) はあらかじめ与えられるのに対して，制御器 (5.4) は設計者が自由に決めることができる点を強調したい．それにより，(5.6) 式の $\dot{x}_p$ の式の右辺がもともと与えられた (5.1) 式の右辺とは異なる．つまり，目的に応じて，制御対象の動的な振る舞いを制御器の設計を通して自由に整形できる．この点に一般の動的システム論にはない制御工学の面白さがある[4]．

◎──**5.1.3 動的システムの安定性**

微分方程式 (5.7) で表現される動的システムを考える．(5.7) 式の右辺が $F(x^*) = 0$ となるような x^* はシステム (5.7) の平衡点とよばれる．明らかに，初期状態を $x(0) = x^*$ とおけば，$\dot{x} = 0$ から $x(t) = x^*$ ($\forall t \geq 0$) が成り立つので，x は x^* に留まる．ここでの興味は初期状態 $x(0)$ を平衡点 x^* から微小にずらしたとき，解 $x(t)$ ($t \geq 0$) が x^* 周辺に留まるか，x^* から離反するかである．前者の平衡点は安定とよばれ，正確な定義は以下である．

任意の $\varepsilon > 0$ に対して，$\delta = \delta(\varepsilon)$ が存在して，初期状態 $x(0) = x_0$ が $\|x_0 - x^*\| < \delta$ であれば $\|x(t) - x^*\| < \varepsilon$ が任意の $t \geq 0$ で成り立つとき，平衡点 x^* は安定であるという．

微分方程式 (5.7) を紙の上で直接解くことができ，$x(t)$ を初期状態 x_0 と t の関数で陽にかけるのであれば，平衡点の安定性は解析できる．しかしながら，多くの場合，微分方程式は直接解けないし，解けるとしてもわざわざ手計算するのは面倒である．また，計算機シミュレーションで模擬できるのは特定の初期状態に対する一本の解軌道であり，x^* の近傍の初期状態を網羅的にシミュレーションするのは手間であるし，厳密には何回シミュレーションを繰り返しても $\|x_0 - x^*\| < \delta$ なる "すべての" x_0 で $\|x(t) - x^*\| < \varepsilon$ ($\forall t \geq 0$) を調べたことにはならない．

実は上のようなことをせずとも平衡点の安定性を解析する方法がある．い

---

4) 正確にいえば，対象の物理特性や工学上のさまざまな制約から対象の動的な振る舞いを完全には自由に変化させることはできないことがほとんどである．制御器の設計によって，どのような振る舞いを実現できるか解析することも制御工学の重要な課題である．

ま，つぎの条件を満足する状態 x に関する微分可能な関数 $V(x)$ を考える．

$$V(x^*) = 0 \text{ かつ } V(x) > 0 \quad (\forall x \neq x^*) \tag{5.8}$$

引数である x が (5.7) 式に沿って時間変化すると考えると，$V(x(t))$ も時間とともに変化する．そこで，この関数 $V(x(t))$ を時間の関数 $V(t)$ とみなして時間に関して微分すると，連鎖律より，

$$\dot{V} = \frac{dV}{dt} = \frac{\partial V}{\partial x}\frac{dx}{dt} = \frac{\partial V}{\partial x}\dot{x} \tag{5.9}$$

となる．ここで，(5.7) 式を代入すると，

$$\dot{V} = \frac{\partial V}{\partial x}F(x) \tag{5.10}$$

を得る．いま，$S(x) \geqq 0 \ (\forall x)$ なる関数 S に対して

$$\dot{V} = \frac{\partial V}{\partial x}F(x) \leqq -S(x) \leqq 0 \tag{5.11}$$

が成り立つとする．このとき，平衡点 x^* は安定であると結論付けられる．これはリアプノフの定理とよばれ，関数 V はリアプノフ関数とよばれる．この定理の利点は微分方程式 (5.7) を解くことなく，(5.11) 式の代数計算のみから x の安定性を明らかにできる点にある．

さて，平衡点の安定性は x の軌道が x^* 周辺に留まることまでしか保証せず，その収束先については収束するか否かも含めて明らかではない．本書は専門書ではないので，状態 x は (5.11) 式の $S(x)$ がゼロになる集合 $\{x \mid S(x) = 0\}$ に収束すると理解して読み進めていただいて問題はない．

ここからは，本節の基礎事項をもとにネットワークシステムの制御問題を考察する．

5.2　生物の群れ行動の解析と模倣

鳥や魚などの生物の中には，多数の個体が集まって群れを形成し，外敵等の危険に対する生存確率を上げる種が存在する．このとき，群れを形成する各個体は自律的に自身の行動を決定しているにもかかわらず，他者と見事に運動を協調し，あたかも群れが一つの意志をもつ個体であるかのように振る舞う．このような協調行動が発現するメカニズムについて，古くより物理学，生物学，計算機科学などの諸分野において活発な研究が進められてきた．

一般に，各個体は近傍の個体から情報を取得し，それをもとに「接近・整

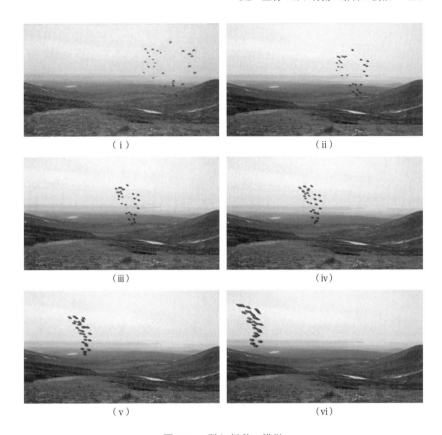

図 5.7　群れ行動の模倣

列・分離」というシンプルな規則に従って行動することで群れ行動が発現することが知られている [3]. その行動を再現したシミュレーションの様子が図 5.7 である. はじめはバラバラな位置や向きをもつ個体が徐々に一団となって共通の姿勢で同じ方向に運動する様子が確認できる.

◎——5.2.1　ヴィチェックのモデル

議論を簡単化するために, 本項では整列行動のみを対象とする.

鳥の群れの整列行動を模した数理モデルは既に文献 [4] において提案されている. いま, n 羽の鳥によって形成される集団を考え, 個体 $i \in \{1, 2, \cdots, n\}$ の姿勢を x_i と表す. このとき, 文献 [4] のモデルは次式で表

128 第5章 制御

される.

$$\dot{x}_i = k_i(\overline{x}_i - x_i), \ \overline{x}_i = \frac{1}{|\mathcal{N}_i|+1}\left(x_i + \sum_{j\in\mathcal{N}_i} x_j\right) \tag{5.12}$$

ここで, k_i は正の実数, $\mathcal{N}_i$ は個体 i が姿勢の情報を取得できる他の個体の集合であり, 近傍集合とよばれる[5]. また, $|\mathcal{N}_i|$ は近傍集合 $\mathcal{N}_i$ の要素数を表し, $\overline{x}_i$ は自身と近傍個体の姿勢の平均値である. (5.12) 式はヴィチェックのモデルとよばれ, 個体 i が平均値 $\overline{x}_i$ に向かう方向に自身の姿勢を更新することを意味する. ここで, 簡単のため, $k_i = |\mathcal{N}_i|+1$ とおくと, (5.12) 式は

$$\dot{x}_i = x_i + \sum_{j\in\mathcal{N}_i} x_j - (|\mathcal{N}_i|+1)x_i = \sum_{j\in\mathcal{N}_i}(x_j - x_i) \tag{5.13}$$

と書き換えられる. また, 簡単のため,

$$j\in\mathcal{N}_i \Longleftrightarrow i\in\mathcal{N}_j \tag{5.14}$$

がすべての i,j で成り立つと仮定する[6].

詳細に入る前に, 4台のロボットにヴィチェックのモデル (5.12) を実装しよう. その結果が図 5.8 である. ここで, ロボット間に線が引かれたロボット同士が情報を交換するものとする. 全体を統括する個体やリーダが存在しないにもかかわらず, 時間の経過とともにロボットの姿勢が共通の向きに収束している様子が確認できる.

これ以降, 図 5.8 に見られる整列の達成を数理的に示していく. まず, (5.13) 式における個体間の情報交換の構造を表現する数理モデルとしてグラフを導入する. グラフとは節点集合とよばれる離散集合 $\mathcal{V}$ と枝集合とよばれる集合 $\mathcal{E} \subseteq \mathcal{V} \times \mathcal{V}$ の組によって, $G = (\mathcal{V}, \mathcal{E})$ と定義され, 図 5.9 のように図示される. いま, 節点集合を鳥の集合 $\mathcal{V} = \{1, 2, \cdots, n\}$ とし, 情報交換可能な個体の組 (i, j) から枝集合 $\mathcal{E}$ とすれば, 個体間の通信構造を図的に理解できる. 例えば, 図 5.9 のようにグラフが与えられた場合, 個体 1 は個体 2 とは情報を交換するが, 個体 3 とは交換しないことが一目瞭然となる.

いま, すべての x_i $(i = 1, 2, \cdots, n)$ をまとめて $x = [x_1 \ x_2 \ \cdots \ x_n]^T$ なる

---

5) 文献 [4] では, 個体間の距離があるしきい値以下であれば近傍集合に含まれることを仮定している. ただし, 近年の研究では, 鳥は最も近い 6, 7 羽の鳥を参照しているという説が有力である [5]. 本章では, $\mathcal{N}_i$ は姿勢や距離によらず, 固定であるとする.

6) この性質を仮定しない議論や $\mathcal{N}_i$ が時間とともに変化する場合についても既に結論が出ている. 詳細は文献 [6] などを参照されたい.

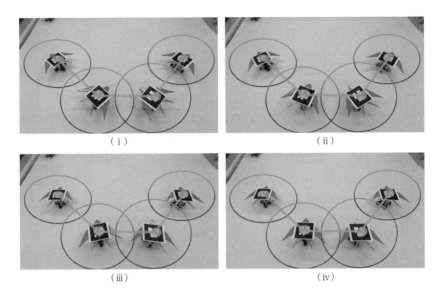

図 5.8　ヴィチェックのモデル (5.12) の実装結果

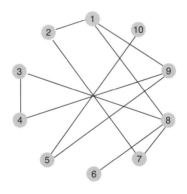

図 5.9　情報交換のグラフ表現

n 次元実ベクトルを定義する．このとき，(5.13) 式の右辺より明らかな通り，$\dot{x}$ は x の線形関数として与えられる．すなわち，ある行列 L が存在して，

$$\dot{x} = -Lx \tag{5.15}$$

が成立する．このとき，行列 L の (i,j) 成分 L_{ij} は次式で与えられる．

$$L_{ij} = \begin{cases} -1, & j \in \mathcal{N}_i \\ 0, & j \notin \mathcal{N}_i \end{cases} \quad (i \neq j), \quad L_{ii} = |\mathcal{N}_i|$$

行列 L はグラフ G のグラフラプラシアンとよばれる．

グラフラプラシアン L の固有値は，グラフの連結性や連結の強弱といったグラフの構造に関する有用な情報を与えることが知られている．これ自体が数学の一分野を形成するほど深い理論体系を有するが，本書の範疇を超えるため詳述しない．本章では以下に示す非常に部分的な結果のみを導入すれば十分である．ただし，以下の結果の一部は (5.14) 式が成立しない場合には成り立たないことに注意されたい．

- グラフラプラシアン L は対称な半正定値行列である．
- グラフ G が連結[7]であるとき，$Lx = 0$ となるための必要十分条件はある $\alpha \in \mathbb{R}$ が存在して，$x = \alpha \mathbf{1}_n$ が成り立つことである．ここで，$\mathbf{1}_n$ はすべての要素が 1 の n 次元ベクトルである．すなわち，$\mathbf{ker}(L) = \{x \mid x_1 = x_2 = \cdots = x_n\}$ である．

さて，(5.15) 式のシステムをブロック線図を用いて描いてみよう．そうすると，図 5.10 を得る．ここで，「積分器」と書かれたブロックは入力信号を時間に関して積分したものを出力する．積分器の出力を x とすれば入力は積分される前の量，すなわち $\dot{x}$ となる．図 5.10 より，この入力信号 $\dot{x}$ は下側のパスを通って x より構成される．パスを追うと，$\dot{x} = -Lx$ となり，たしかに (5.15) 式を表現していることがわかる．よって，図 5.10 は動的システムと行列 L によって構成されるフィードバックシステムであることがわかる．したがって，制御工学の道具によって本動的システムの挙動の解析や拡張設計が可能となる．

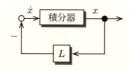

図 5.10 (5.15) 式のブロック線図表現

---

[7] グラフ $G = (\mathcal{V}, \mathcal{E})$ が連結であるとは，集合 $\mathcal{V}$ から任意の 2 点 i と j を選んだとき，i を始点として枝を通って j に到達できることを意味する．

◎——5.2.2　整列行動の達成

まずは解析から見ていこう．具体的には，(5.13) 式あるいは (5.15) 式で運動が記述される鳥の群れが整列を実現することを示す．ここで，グラフ G は連結であると仮定する．いま，関数 V を $V = \dfrac{1}{2}\|x\|^2$ と定義する．これは明らかに平衡点 $x^* = 0$ に対して (5.8) 式を満足する．このとき，V の時間に関する微分は，連鎖律より $\dot{V} = x^T \dot{x}$ となり，ここに (5.15) 式を代入すると，

$$\dot{V} = -x^T L x \leqq 0 \tag{5.16}$$

を得る．不等式は前項で述べた L の性質による．ここで，(5.11) 式における $S(x)$ を $S(x) = x^T L x \geqq 0$ とすると，$x^* = 0$ が安定であることがわかる．さらに，前項の結果から，$S(x) \to 0$，すなわち x の軌道は $\mathbf{ker}(L)$ に漸近する．グラフラプラシアンの性質より，$\mathbf{ker}(L)$ は $x_1 = x_2 = \cdots = x_n$ となる集合である．よって，整列，つまり姿勢の同期

$$\lim_{t \to \infty} (x_i - x_j) = 0 \quad (\forall i, j) \tag{5.17}$$

が達成される．以上より，各個体 i が (5.13) 式のように近傍の個体の情報のみを用いて運動を決定すれば，全体を統括する個体が存在しないにもかかわらず，すべての個体の姿勢は共通になることがわかる．

では，各 x_i はどのような値に収束するであろうか．実は初期値 $x_i(0)$ $(i = 1, 2, \cdots, n)$ の平均値 $\overline{x}(0) = \displaystyle\sum_{i=0}^{n} x_i(0)$ に収束する．このことは，以下のように確かめられる．(5.15) 式の両辺に左から $\mathbf{1}_n^T$ を掛けると，L の対称性から $\mathbf{1}_n^T L = 0$ となり，$\displaystyle\sum_{i=1}^{n} \dot{x}_i = 0$ が成り立つ．すなわち x_i の総和は時間発展に関して不変である．このことと (5.17) 式を併せると次式が成立する．

$$\lim_{t \to \infty} (x_i - \overline{x}(0)) = 0 \tag{5.18}$$

上では，整列行動のみに着目したが，接近・整列・分離をすべて組み込み，これを 3 次元に拡張した際の運動が図 5.7 である[8]．さらに，障害物を回避する制御器を設計することもできる．その実装結果を図 5.11 に示す．4 台のロボットが群れを形成しつつ障害物を回避して移動している様子が確認できる．

最後に，群れの整列則 (5.13) 式に関連する異分野の研究を列挙する．

---

8)　実は，運動の同期や衝突回避などは理論的に証明することができるが，本書の範疇を越えるため省略する．詳細は文献 [7] などを参照されたい．

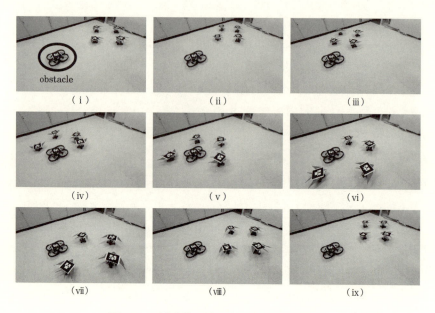

図 5.11 障害物回避を含む群れの模倣実験

(5.18) 式より，x_i はその初期値の平均値に収束するという性質をもつ．このことから，(5.13) 式は群れ行動の研究とは全く独立に，分散アルゴリズムの分野において平均値の分散計算アルゴリズムとして研究が進められてきた．そこでは，(5.13) 式は合意アルゴリズムと名づけられている．他方，(5.13) 式は非線形振動子の同期現象を説明する蔵本モデル [8] の線形近似モデルであることも知られている．その他にも，社会ネットワークにおける人間心理の時間発展モデルにも同様の構造を確認できる [9]．また，(5.14) 式が成り立たない場合には L は対称行列とはならないが，その場合に (5.15) 式の L を転置した $\dot{x} = -L^T x$ は Google 社の PageRank アルゴリズムの連続時間版であり，(5.15) 式と深く関係する．工学分野においても，電力システム [10] やビルの熱ダイナミクス [11] には (5.13) 式と類似の構造を確認できる．

◎──5.2.3 ネットワークシステムの設計に向けて

前項までは，あらかじめ与えられたヴィチェックのモデル [4] の解析を行った．5.1.2 項で述べたとおり，制御工学と動的システム論との違いは，システムの振る舞いを能動的に変化させられる点にある．そこで，次節以

降，適切な設計を施すことで新たな価値を生み出すことができることを示す．本項の目的は前項までの内容と次節以降の橋渡しをすることである．

まず，それぞれの個体 i が入力 u_i と外部からの入力 v_i を受けて，

$$\dot{x}_i = u_i + v_i \tag{5.19}$$

なる動特性をもつとする．この時点では，v_i は定数とし，本項に限り外乱と考える．いま，入力 u_i を (5.13) 式の右辺となるように，

$$u_i = \sum_{j \in \mathcal{N}_i} (x_j - x_i) \tag{5.20}$$

と設計したとする．もし，同期条件 $x_i = x_j \ (\forall i, j)$ が成り立つならば，$u_i = 0 \ (\forall i)$ となり，(5.19) 式は $\dot{x}_i = v_i$ となる．ここで，v_i の値が各 i で異なる場合，x_i は異なる速度で運動するため，同期条件は維持されない．

以上の状況で同期を実現する u_i を設計する．結論から述べれば，新たな変数 ξ_i を導入し，以下のように u_i を設計すれば，同期を実現できる．

$$\dot{\xi}_i = \sum_{j \in \mathcal{N}_i} (x_j - x_i) \tag{5.21a}$$

$$u_i = \sum_{j \in \mathcal{N}_i} (x_j - x_i) + \sum_{j \in \mathcal{N}_i} (\xi_i - \xi_j) \tag{5.21b}$$

明らかに，これは近傍との情報交換のみから実装できる．

いま，(5.21) 式を (5.19) 式に代入すると，

$$\dot{x}_i = \sum_{j \in \mathcal{N}_i} (x_j - x_i) + \sum_{j \in \mathcal{N}_i} (\xi_i - \xi_j) + v_i \tag{5.22a}$$

$$\dot{\xi}_i = \sum_{j \in \mathcal{N}_i} (x_j - x_i) \tag{5.22b}$$

を得る．また，x と同様に，$v = [v_1 \ v_2 \ \cdots \ v_n]^T$ および $\xi = [\xi_1 \ \xi_2 \ \cdots \ \xi_n]^T$ と定義すると，

$$\dot{x} = -Lx + L\xi + v \tag{5.23a}$$

$$\dot{\xi} = -Lx \tag{5.23b}$$

となる．このシステムのブロック線図を図 5.12 に示す．

定数 $v_i \ (i = 1, 2, \cdots, n)$ の平均値 $\overline{v} = \dfrac{1}{n} \sum_{i=1}^{n} v_i$ および $M = I_n - \dfrac{1}{n} \mathbf{1}_n \mathbf{1}_n^T$ を定義すると，(5.23) 式は

134　第 5 章　制御

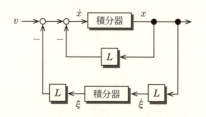

図 5.12　(5.23) 式のブロック線図表現

$$\dot{x} = -Lx + L\xi + Mv + \overline{v}\mathbf{1}_n \tag{5.24a}$$
$$\dot{\xi} = -Lx \tag{5.24b}$$

と書き直せる．行列 nM はすべての節点間に枝が存在する完全グラフとよばれるグラフのグラフラプラシアンであることに注意すると，前節で述べた L の性質が nM に対しても成立することになる．したがって，L と M のゼロ固有値に対応する固有ベクトルは共通であり，$\mathrm{Im}(L) = \mathrm{Im}(M)$，すなわち，ある ξ^* が存在して，$L\xi^* = -Mv$ が成立する．そのような ξ^* を固定し，$\xi = \xi^*$ および同期条件 $x_i = x_j\ (\forall i,j)$ の下で，(5.22) 式は $\dot{x}_i = \overline{v}$，$\dot{\xi}_i = 0\ (\forall i)$ となる．したがって，$\dot{x}_i$ がすべての i で共通となるため，同期条件は維持される．実際，(5.17) 式の達成を示すことができるが，ここでは割愛する．

以上より，(5.21) 式は以下の性質を満足する．

- $v_i\ (i = 1, 2, \cdots, n)$ の存在下においても，同期 (5.17) 式を達成する．
- $v_i\ (i = 1, 2, \cdots, n)$ を分散的に平均化し，$\dot{x}_i$ を平均値 $\overline{v}$ に同期させる．

以上の効果を利用して，これ以降二つの異なる問題の解を導く．

5.3　人とロボット群の協調

本節では，図 5.13 に示すように，n 台のロボット群と一人の人間の組に対して，ロボット群の運動を人間の意図する運動に同期させることを考える．

いま，ロボット i の位置を x_i と表す[9]．各ロボット i は自身の速度を直接

---

9) 通常は x_i として 2 次元や 3 次元ベクトルを考えるが，ここでは簡単のため 1 次元の運動のみを考えることとする．

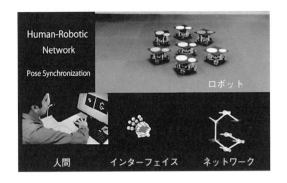

図 5.13　シナリオ：人とロボット群の協調

操作できるとし，人間はインターフェースを介して一部のロボット $i \in \mathcal{V}_\mathrm{h} \subseteq \{1, 2, \cdots, n\}$ の速度に速度指令 u_h を入力できるとする[10]．このとき，

$$v_i = \delta_i u_\mathrm{h}, \quad \delta_i = \begin{cases} 1, & i \in \mathcal{V}_\mathrm{h} \\ 0, & i \notin \mathcal{V}_\mathrm{h} \end{cases}$$

とおくと，ロボット i の運動は (5.19) 式で与えられる．また，ロボット群は前節同様，連結なグラフでモデル化されるネットワーク上の近傍ロボットと情報交換可能とする．

まずは各ロボット i の制御入力 u_i を設計しよう．ロボット群の目的は，その速度 $\dot{x}_i$ $(i = 1, 2, \cdots, n)$ を人間が決定する速度指令 u_h に従わせることである．ここで，ロボット $i \notin \mathcal{V}_\mathrm{h}$ は人間から直接情報を受け取ることができないため，近傍ロボットとの情報交換をもとに間接的にそれを自身の運動に反映させる必要がある．この目的の達成に向けて，(5.21) 式が $\dot{x}_i$ を v_i $(i = 1, 2, \cdots, n)$ の平均値 $\overline{v} = \dfrac{|\mathcal{V}_\mathrm{h}|}{n} u_\mathrm{h}$ に同期させるように機能することに注目する．

(5.21) 式の u_i を適用したとき，ロボット群全体の運動は (5.23) 式で与えられる．ここで，$v_i = \delta_i u_\mathrm{h}$ であるので，$D = [\delta_1\ \delta_2\ \cdots\ \delta_n]^T$ とおくと，

$$\dot{x} = -Lx + L\xi + Du_\mathrm{h} \tag{5.25a}$$
$$\dot{\xi} = -Lx \tag{5.25b}$$

---

10)　複数のロボットに異なる指令を実時間で決定し，送信することは人間にとって負荷が大きいため，人間は共通の信号 u_h をすべての $i \in \mathcal{V}_\mathrm{h}$ に送る．

となる.

さて，本システムには u_i 以外にもう一つ設計対象が存在する．それは人間にフィードバックするロボット群に関する情報である．本章では，これを y と表記する．人間に参照させるべき情報は人間が制御したいと考える制御出力に依存するため，これ以降，制御出力をロボット群の位置とする[11]．このとき，人間がアクセスできるロボット $\mathcal{V}_\mathrm{h}$ のすべての位置情報 x_i ($i \in \mathcal{V}_\mathrm{h}$) を人間に参照させるのは人間への負荷の観点から得策ではない．そこで，x_i ($i \in \mathcal{V}_\mathrm{h}$) の平均値を

$$y = \frac{1}{|\mathcal{V}_\mathrm{h}|}\sum_{i \in \mathcal{V}_\mathrm{h}} x_i = \frac{1}{|\mathcal{V}_\mathrm{h}|}D^T x \tag{5.26}$$

として人間にフィードバックする．この選び方の妥当性はのちほど明らかになる．このとき，人間とロボット群から構成されるシステムは図 5.14 にまとめられる．ここで，r は人間がロボット群を誘導したい目標位置であり，その決定は人間に委ねられる．

では，目標位置 r を定数として，システムの挙動を解析しよう．ただし，紙面の都合上，ここではロボット群の位置 x_i ($i = 1, 2, \cdots, n$) の同期のみを示すこととする．まず，人間の特性として以下の事項を仮定する．

- 図 5.14 のように，人間は目標値 r とモニタ上に表示された y の偏差 $e = r - y$ をもとに指令 u_h を決定する．また，u_h は常に有界である．
- 図 5.14 の人間の指令決定プロセス H は，ある $\beta > 0$ が存在して，次式

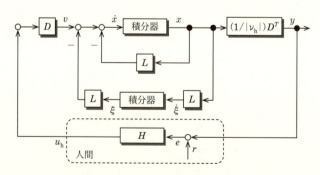

図 **5.14** 人とロボット群の協調制御システム

---

11) 制御出力を速度とする場合については文献 [12] を参照．

を満足する.

$$U_{\mathrm{h}} = \int_0^\tau u_{\mathrm{h}}^T(t)e(t)\,\mathrm{d}t + \beta \geqq 0 \quad (\forall \tau \geqq 0) \tag{5.27}$$

あるシステムの入出力が (5.27) 式を満たすとき，このシステムは受動的であるといい，古くから人間を含むシステムの制御において人間に仮定されてきた性質である [7].

つぎに，$\widetilde{x} = x - r\mathbf{1}_n$ とおくと，$L\mathbf{1}_n = 0$ より，次式を得る.

$$\dot{\widetilde{x}} = -L\widetilde{x} + L\xi + Du_{\mathrm{h}} \tag{5.28a}$$

$$\dot{\xi} = -L\widetilde{x} \tag{5.28b}$$

ここで，関数

$$U_{\mathrm{r}} = \frac{1}{2|\mathcal{V}_{\mathrm{h}}|}\|\widetilde{x}\|^2 + \frac{1}{2|\mathcal{V}_{\mathrm{h}}|}\|\xi\|^2$$

を定義する．このとき，(5.28) 式を代入することで

$$\dot{U}_{\mathrm{r}} = \frac{1}{|\mathcal{V}_{\mathrm{h}}|}(\widetilde{x}^T\dot{\widetilde{x}} + \xi^T\dot{\xi})$$

$$= \frac{1}{|\mathcal{V}_{\mathrm{h}}|}(-\widetilde{x}^T L\widetilde{x} + \widetilde{x}^T L\xi + \widetilde{x}^T Du_{\mathrm{h}} - \xi^T L\widetilde{x})$$

を得る．ここで，L は対称であるので，$\widetilde{x}^T L\xi = \xi^T L\widetilde{x}$ が成り立ち，

$$\dot{U}_{\mathrm{r}} = -\frac{1}{|\mathcal{V}_{\mathrm{h}}|}\widetilde{x}^T L\widetilde{x} + \left(\frac{1}{|\mathcal{V}_{\mathrm{h}}|}D^T\widetilde{x}\right)^T u_{\mathrm{h}}$$

となる．いま，$\dfrac{1}{|\mathcal{V}_{\mathrm{h}}|}D^T\widetilde{x} = -e$ であることに注意すると，

$$\dot{U}_{\mathrm{r}} = -\frac{1}{|\mathcal{V}_{\mathrm{h}}|}\widetilde{x}^T L\widetilde{x} - e^T u_{\mathrm{h}} \tag{5.29}$$

が成り立つ．実は，(5.29) 式を得るために y を (5.26) 式と設計したというのが正しい順番である.

では，(5.29) 式の両辺を時間に関して積分しよう．このとき，

$$\int_0^\tau (-e)^T(t)u_{\mathrm{h}}(t)\,\mathrm{d}t = U_{\mathrm{r}}(\tau) - U_{\mathrm{r}}(0) + \frac{1}{|\mathcal{V}_{\mathrm{h}}|}\int_0^\tau \widetilde{x}(t)^T L\widetilde{x}(t)\,\mathrm{d}t$$

$$\geqq -U_{\mathrm{r}}(0)$$

が成り立つ．よって，$\beta = U_{\mathrm{r}}(0)$ とおくと，(5.28) 式で表されるロボット群の運動も速度指令 u_{h} から $-e$ まで受動的であることがわかる．5.1 節で述べ

138 第 5 章 制御

たように，動的なシステム同士をフィードバックで結合したシステムは，結合する前の両者が安定であったとしても安定とは限らない．しかしながら，両者が受動的であれば，それらのフィードバック結合は安定であることが知られている [7]．実際，$U = U_{\mathrm{h}} + U_{\mathrm{r}}$ とおけば，(5.27) および (5.29) 式から

$$\dot{U} = u_{\mathrm{h}}^T e - \frac{1}{|\mathcal{V}_{\mathrm{h}}|} \tilde{x}^T L \tilde{x} - e^T u_{\mathrm{h}} = -\frac{1}{|\mathcal{V}_{\mathrm{h}}|} x^T L x \leqq 0$$

を得る．すなわち，$U(t)$ は有界な $U(0)$ 以下となり，$U_{\mathrm{r}}(t)$ の定義から x は有界に留まる．さらに，5.2.2 項と同様に議論から x_i $(i = 1, 2, \cdots, n)$ の同期 (5.17) が示される．本来はここで目標位置 r と x_i の同期を示す必要があるが，その証明には多くの前提知識を要するため，ここでは詳述しない．興味のある読者は文献 [12] を参照していただきたい．

　もう 1 点，上と同様の理由から割愛せざるを得ない論点がある．それは，果たして人間は (5.27) 式の受動性条件を満たすように振る舞うのか，という点である．結論だけ述べれば，文献 [12] は複数の被験者のデータから以下の点を明らかにしている．

- 人間は実験を繰り返すことで，ロボット群の動特性 (5.28) 式の逆モデルを学習し，動特性を打ち消すように動作する．
- 結果として，人間は (5.27) 式を満足する行動を獲得する傾向にある．
- しかしながら，高周波域の早い運動は逆モデルを学習しきれず，ネットワークの形状によっては受動性の獲得に失敗する．
- 指令 u_{h} を修正するフィルタを導入することで，人間の受動性を補助することができる．

データからこれらの知見を抽出するために用いられるのが，システム同定とよばれる制御工学の手法である．すなわち，制御工学を習得することで，人間という曖昧な対象から意味のある知見を引き出すことができる．

　以上のシステムを位置 2 次元，姿勢 1 次元を制御するシステムへと拡張し，実装した様子が図 5.15 である．右下のネットワークで接続された 7 台のロボットのうち，3 台のロボットが人間からの指令を受け取れるものとする．人間はモニタに描画される平均位置 y を見ながら速度指令 u_{h} を決定する．指令の決定には 3D モーションセンサを用いる．これは机上に置かれたデバイ

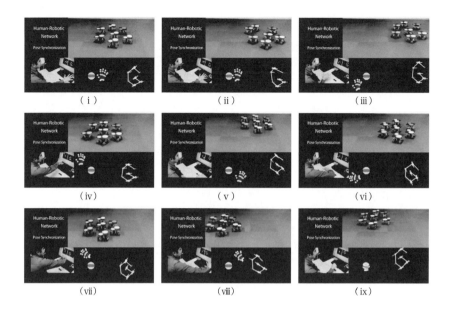

図 5.15　人とロボット群の協調制御実験

ス上にかざした手を実時間で計測するセンサであり，図の下段中央の画像が計測結果である．本画像の中央を原点としたときの手のひらの位置を併進速度の指令とする．図 (i)–(vi) において，ロボット群は所定のフォーメーションと姿勢の同期を維持しながら，一つ前の番号の図において指定された速度指令の方向に移動する様子が確認できる．また，図 (vi)–(ix) では下段中央において指先が反時計回りに回転していることに注意する．本システムでは，指先の角度によってロボットに角速度指令を送るように設計している．結果として，ロボット群は反時計回りに回転しながら併進速度指令の方向に移動する．また，その際もフォーメーションと姿勢同期は維持されている．以上より，人とロボット群の安定的な協調が実現できていることが確認できる．

5.4　分散最適化

本節では，n 個の要素から構成されるネットワークを考える．各要素 i はある変数 z に関して最小化すべきプライベートな評価関数 $f_i(z)$ を有しているものとする．ここでは，簡単のため z は実数とする．また，f_i ($i = 1, 2, \cdots, n$) は微分可能な凸関数とする．

140　第 5 章　制御

他方，ネットワーク全体にも評価関数 $f(z)$ が定義されているものとし，これはプライベートな評価関数の総和，すなわち

$$f(z) = \sum_{i=1}^{n} f_i(z) \tag{5.30}$$

と与えられているものとする．以降，f の最小値は有限であるとし，関数 f を最小にする最適解を z^* と表記する．変数 z^* が最適解であるための必要十分条件は評価関数の勾配 ∇f が $z = z^*$ においてゼロになる，すなわち次式が成り立つことである [13]．

$$\nabla f(z^*) = \sum_{i=1}^{n} \nabla f_i(z^*) = 0 \tag{5.31}$$

以上の状況において，つぎの二つの制限の下で，各要素 i が内部変数 x_i を更新し，z^* に収束させる問題は分散最適化問題とよばれる．

- 変数 x_i の更新に自身以外の評価関数 f_j $(j \neq i)$ を用いてはならない．
- 要素 i は近傍 $j \in \mathcal{N}_i$ とのみ情報を交換できる．

さて，もし一番目の制限がなければ，以下の更新則によって $x_i \to z^*$ が達成されることが良く知られている．

$$\dot{x}_i = -\alpha \nabla f(x_i) = -\alpha \sum_{j=1}^{n} \nabla f_j(x_i), \quad \alpha > 0 \tag{5.32}$$

いま，(5.19) 式に対して，(5.21) 式を適用すると，$\dot{x}_i$ が外部入力 v_i $(i = 1, 2, \cdots, n)$ の平均値 $\overline{v}$ に収束することに注意する．このことから，$v_i = -\nabla f_i(x_i)$ とすると，x_i の時間発展は

$$\dot{x}_i \approx -\frac{1}{n} \sum_{j=1}^{n} \nabla f_j(x_j) \approx -\frac{1}{n} \sum_{j=1}^{n} \nabla f_j(x_i) \tag{5.33}$$

より，近似的に $\alpha = \dfrac{1}{n}$ とする (5.32) 式に従うことが予想される．ここで，二つ目の近似は (5.21) 式が同期条件 (5.17) を満たすことによる．

以上のアイデアに従って，(5.19) 式に対して $v_i = -\nabla f_i(x_i)$ および (5.21) 式を代入した次式の動的システムを考える．

$$\dot{x}_i = \sum_{j \in \mathcal{N}_i} (x_j - x_i) + \sum_{j \in \mathcal{N}_i} (\xi_i - \xi_j) - \nabla f_i(x_i) \tag{5.34a}$$

$$\dot{\xi}_i = \sum_{j \in \mathcal{N}_i} (x_j - x_i) \tag{5.34b}$$

このとき，(5.23) 式に対応するネットワーク全体のシステムは

$$\dot{x} = -Lx + L\xi - \phi(x) \tag{5.35a}$$
$$\dot{\xi} = -Lx \tag{5.35b}$$

とかける．ここで，$\phi(x) = [\nabla f_1(x_1)\ \nabla f_2(x_2)\ \cdots\ \nabla f_n(x_n)]^T$ である．このシステムのブロック線図は図 5.16 のように表現できる．

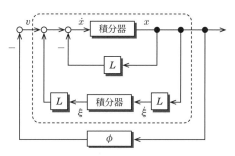

図 5.16 (5.35) 式のブロック線図表現

では，(5.35) 式が分散最適化問題の解を与えることを示そう．まず，図 5.16 の破線内のシステムを考える．その時間発展は (5.23) 式に従う．いま，$x^* = z^*\mathbf{1}_n$ と定義し，$v^* = \phi(x^*)$ とおく．このとき，最適性条件 (5.31) 式より，v^* の要素の平均値はゼロである．よって，(5.24) 式直下の議論から，ある ξ^* が存在して，$L\xi^* = Mv^* = v^*$ が成り立つ．いま，$Lx^* = v^*L\mathbf{1}_n = 0$ より，

$$0 = -Lx^* + L\xi^* - v^* \tag{5.36a}$$
$$0 = -Lx^* \tag{5.36b}$$

が成り立つ．ここで，$\tilde{x} = x - x^*$, $\tilde{\xi} = \xi - \xi^*$, $\tilde{v} = v + v^*$ とおくと，(5.23) 式と (5.36) 式から，

$$\dot{\tilde{x}} = -L\tilde{x} + L\tilde{\xi} + \tilde{v} \tag{5.37a}$$
$$\dot{\tilde{\xi}} = -L\tilde{x} \tag{5.37b}$$

を得る．関数

$$W = \frac{1}{2}\|\tilde{x}\|^2 + \frac{1}{2}\|\tilde{\xi}\|^2 \tag{5.38}$$

を定義すると，前節と同様の式展開から

142　第5章　制御

$$\dot{W} = -\tilde{x}^T L \tilde{x} + \tilde{x}^T \tilde{v} \leqq \tilde{x}^T \tilde{v} \tag{5.39}$$

が成り立つ．これを時間に関して積分すれば，図5.16の破線内のシステム
は入力 $\tilde{v}$，出力 $\tilde{x}$ に対して受動的であることがわかる．

　つぎに，図5.16のブロック ϕ を考える．この各要素は凸関数の勾配 ∇f_i
であることに注目すると，任意の x および y に対して，次式が成り立つ．

$$(x - y)^T(\phi(x) - \phi(y)) = \sum_{i=1}^{n}(x_i - y_i)(\nabla f_i(x_i) - \nabla f_i(y_i)) \geqq 0$$

が成り立つ [13]．この性質は単調性とよばれる．いま $y = x^*$ とおくと，

$$(x - x^*)^T(\phi(x) - \phi(x^*)) = \tilde{x}^T(\phi(x) - v^*) \geqq 0 \tag{5.40}$$

が成立する．ここで，(5.40) 式を時間に関して積分し，$\beta = 0$ とすれば，ブ
ロック ϕ は $\tilde{x}$ から $\phi(x) - v^*$ まで受動的であることがわかる．

　したがって，図5.14同様，図5.16も受動的なシステム同士のフィード
バック結合であることがわかる．よって，結合しても安定性は失われない．
実際，(5.39) 式に (5.40) 式および $v = -\phi(x)$ を代入すれば，

$$\dot{W} = -\tilde{x}^T L \tilde{x} - (x - x^*)^T(\phi(x) - \phi(x^*)) \leqq 0 \tag{5.41}$$

が成り立ち，W の定義から x と ξ の有界性が即座に示される．さらに，
$\tilde{x}^T L \tilde{x} \to 0$ から同期条件 (5.17) が導かれ，このことと $(x - x^*)^T(\phi(x) - \phi(x^*)) \to 0$ を併せると，$x_i \to z^* \ \forall i$ を証明できる．

　本書では詳細は割愛するが，上記の結果は制約つきの最適化問題へと拡張
できる．このとき，勾配法 (5.32) は主双対勾配法 [14] で置き換えられるが，
この場合も全体システムは受動システム同士のフィードバック結合であるこ
とが示され，結果として最適解への収束が保証される [17]．

　本節で示した解法 (5.35) は $\min_{z \in \mathbb{R}} f(z)$ を等価に変換した問題

$$Lz = 0 \text{ のもとで} \min_{z = [z_1 \ \cdots \ z_n]^T \in \mathbb{R}^n} \frac{1}{2} z^T L z + \sum_{i=1}^{n} f_i(z_i) \text{ を求めよ}$$

に対する主双対勾配法に他ならない．その意味では，既存の最適化理論の別
解釈を与えたに過ぎないともいえる．しかしながら，紙面の都合上ここでは
対応する文献を紹介するに留めるが，実は最適化プロセスをフィードバッ
ク制御系とみなすことにより，以下に示す新たな価値を生み出すことがで
きる．

- ループ整形 [1] という古典的な制御手法により，x_i の過渡応答を改善し，最適解への収束速度を向上させる [15].
- ループ整形により，通信ノイズなど，最適化アルゴリズムに加わる外乱の影響を低減化する [15, 16].
- 主双対勾配法が前提とする評価関数の狭義凸性を緩和し，一般の凸計画問題の求解を可能とする [16].
- 通信遅れ [17] や物理ダイナミクス [11] などの動的システムを最適化アルゴリズムに安定的に相互接続した上で，最適解への収束を保証する.

二点目の利点について説明を追加しよう．(5.35) 式を含む最適化アルゴリズムは通常あらかじめモデル化された評価関数，制約条件の下でサイバー世界，すなわち計算機内に閉じて実装されるため，物理世界を対象とする制御とは異なり，計算過程で生じる外乱やノイズ，不確かさへの対処は主題となりにくい．しかしながら，IoT 時代の最適化技術の適用場面の多くは物理世界から取得したノイズ込みのデータが評価関数や制約条件を規定する．さらに，オンラインで得られるデータから実時間で最適化アルゴリズムを実装することが求められる場合も多く，その際にはデータから注意深くノイズ成分を除去することは難しい．したがって，歴史的に不確かな物理世界を対象としてきたループ整形などの制御工学の方法論が最適化分野においても重要になると考えられる.

5.5　まとめ

本章では，まず制御工学の基礎知識としてフィードバック制御，ブロック線図，安定性に関する基本的な事項を述べたのち，鳥の群れ行動を制御工学の知見をもとに解析し，その模倣やネットワークシステムの拡張設計が可能であることを示した．また，さらなる拡張設計の例として，人とロボット群の協調システムや分散最適化アルゴリズムの設計問題を紹介した.

前節の最後に述べた論点を深堀りし，まとめに代える．そこでは，物理世界はサイバー世界へセンサを介して単方向に作用する状況について説明したが，物理ダイナミクスと最適化の相互結合システム [11] を考える場合には，さらに興味深い問題が提起される．単方向の作用であれば計測データをフィ

144　第5章　制御

ルタリングするだけである程度の揺らぎの抑制効果を見込むことができる.
これに対して,相互結合の場合には物理世界とサイバー世界がフィードバッ
クでつながれるため,ノイズ除去のみを考えてのフィルタの挿入は予期せぬ
応答の劣化や不安定化を招く.ところで,ここでいう相互結合システムは一
般にサイバーフィジカルシステムとよばれ,Society 5.0 の根幹を成す科学
技術と目されている.ここでの考察は,サイバーフィジカルシステムの設計
に向けては,制御と最適化といった数理工学分野の知恵を結集する必要があ
ることを示唆する[12].以上,要するに,数理工学の果たすべき役割は今後ま
すます大きくなることは疑いようがない.

参考文献

[1] 杉江俊治,藤田政之,『フィードバック制御入門』,コロナ社,1999.

[2] K. J. Åström and R. M. Murray, *Feedback Systems*: *An Introduction for Scientists and Engineers*, 2nd eds., Princeton University Press, 2016

[3] C. W. Reynolds, Flocks, herds and schools: a distributed behavioral model, *Comput. Graph.*, vol. 21, no. 4, pp. 25–34, 1987.

[4] T. Vicsek, A. Czirók, E. Ben-Jacob, I. Cohen, and O. Shochet: Novel type of phase transition in a system of self-driven particles, *Physical Review Letters*, vol. 75, no. 6, pp. 1226–1229, 1995.

[5] M. Ballerini, N. Cabibbo, R. Candelier, A. Cavagna A, E. Cisbani, I. Giardina, V. Lecomte, A. Orlandi, G. Parisi, A. Procaccini, M. Viale, and V. Zdravkovic, Interaction ruling animal collective behavior depends on topological rather than metric distance: Evidence from a field study, *PNAS*, vol. 105, no. 4, pp. 1232–1237, 2008.

[6] W. Ren and R. Beard, *Distributed consensus in multi-vehicle cooperative control*, Springer–Verlag, 2008.

[7] T. Hatanaka, N. Chopra, M. Fujita, and M. W. Spong, *Passivity–Based Control and Estimation in Networked Robotics*, Communications and Control Engineering Series. Springer–Verlag, 2015.

[8] Y. Kuramoto, Self–entrainment of a population of coupled non–linear oscillators, In H. Araki (Ed.), Lecture notes in physics: vol. 39, *Int.*

---

12) 実際には,サイバー世界にフィードバックする物理世界の情報を得るためには統計
や学習などの知見も必須である.

symposium on mathematical problems in theoretical physics, pp. 420–422, Springer–Verlag, 1975.

[9] M. H. Degroot, Reaching a consensus, *Journal of the American Statistical Association*, vol. 69, no. 345, pp. 118–121, 1974.

[10] F. Dorfler and F. Bullo, Synchronization and transient stability in power networks and non–uniform Kuramoto oscillators, *SIAM Journal on Control and Optimization*, vol. 50, no. 3, pp. 1616–1642, 2010.

[11] T. Hatanaka, X. Zhang, W. Shi, M. Zhu, and N. Li, Physics-integrated hierarchical/distributed HVAC optimization for multiple buildings with robustness against time delays, *Proceedings of 56th IEEE Conference on Decision and Control*, pp. 6573–6579, 2017.

[12] T. Hatanaka, N. Chopra, J. Yamauchi, and M. Fujita, A Passivity–Based Approach to Human–Swarm Collaborations and Passivity Analysis of Human Operators, *Trends in Control and Decision–Making for Human–Robot Collaboration Systems*, Y. Wang and F. Zhang (eds.), Springer–Verlag, pp. 325–355, 2017.

[13] S. Boyd and L. Vandenberghe, *Convex Optimization*, Cambridge University Press, 2004.

[14] K. Arrow, L. Hurwicz, and H. Uzawa, *Studies in Linear and Non–Linear Programming*, Stanford University Press, 1958.

[15] 舩田陸, 山下駿野, 畑中健志, 藤田政之, 「受動性に基づく分散協調型3次元視覚人間位置推定アルゴリズム」, 『計測自動制御学会論文集』, vol. 54, no. 6, pp. 547–556, 2018.

[16] S. Yamashita, T. Hatanaka, J. Yamauchi, and M. Fujita, Passivity-based generalization of primal–dual dynamics for non-strictly convex cost functions, arXiv preprint, 1811.08640, 2018.

[17] T. Hatanaka, N. Chopra, T. Ishizaki, and N. Li, Passivity–based distributed optimization with communication delays using PI consensus algorithm, *IEEE Transactions on Automatic Control*, vol. 63, no. 12, pp. 4421–4428, 2018.

第6章

AI・データサイエンス

下平英寿

京都大学大学院情報学研究科

6.1 単語埋め込み

本章では機械学習のテーマのひとつである表現学習を紹介することが目標である．表現学習の分野では，画像や単語などの入力情報をコンピュータ上で表現することを自動的にデータから学習する方法を研究している．その中でも自然言語処理で重要な単語埋め込みについて紹介しよう．

単語の集合 {みかん, りんご, 猫, 犬, ⋯} が与えられたとき，各単語をベクトルとして表現することを考える．単語の個数 n は数万〜数十万である．最も素朴な方法では，i 番目の単語を n 次元のベクトル x_i として i 番目の要素だけ 1，それ以外を 0 にして表現する．みかん $(i = 1)$ は $x_1 = (1, 0, 0, \cdots, 0)$，りんご $(i = 2)$ は $x_2 = (0, 1, 0, \cdots, 0)$ などと表現される．この one-hot ベクトルという方法は局所表現の一例で，ベクトルの特定の成分に情報がある．しかし単語の類似関係がまったく反映されず，6.2 節で説明するコサイン類似度で単語間の関係の大きさを計算すると，どの単語もコサイン類似度がゼロとなる．つまり互いに無関係とみなされてしまう．そこで i 番目の単語を K 次元のベクトル y_i で表し，意味の似ている 2 つの単語のベクトル y_i と y_j はコサイン類似度が大きくなるようにしたい．たとえば $y_{みかん}$ と $y_{りんご}$ のコサイン類似度は 1 に近く，$y_{みかん}$ と $y_{猫}$ のコサイン類似度は 0 に近くしたい．

単語埋め込みの代表的な手法に word2vec (Mikolov 2013 [6]) や GloVe (Pennington 2014 [10]) がある．本章では公開されている GloVe[1] の単語ベ

---

1) https://nlp.stanford.edu/projects/glove/

クトル ($K = 300$, $n = 400{,}000$) から各単語の単位ベクトル $\boldsymbol{u}_i = \boldsymbol{y}_i / \|\boldsymbol{y}_i\|$ を計算して用いている．Wikipedia の約 60 億単語の文章中で 2 つの単語がすぐとなりに現れる頻度情報をつかって，6.11 節で紹介する「グラフ埋め込み」と類似のアルゴリズムが学習に用いられている．このような表現学習ではベクトルのすべての成分に情報が分散するため，分散表現ともいう．通常 K は n よりずっと小さくコンパクトな表現になる．図 6.1 の上図では，beautiful, fast, difficult (三角形の頂点) とそれらに関連する単語のベクトル (色の濃さは意味の分類) をプロットした．300 次元の単語ベクトル $\boldsymbol{u}_i$ はそのままではプロットできないので，主成分分析という統計手法で 2 次元に次元削減して表示している．

図 6.1 の下図では，man と woman のように対応する単語を線分で結んである．線分のベクトルは向きも長さもだいたい同じことに注意してほしい．つまり線分は「女性─男性」の関係を表している．実際に $\boldsymbol{u}_{\mathrm{king}} + (\boldsymbol{u}_{\mathrm{woman}} - \boldsymbol{u}_{\mathrm{man}})$ と 400,000 個の単語のコサイン類似度を計算すると，$\boldsymbol{u}_{\mathrm{king}}$ が最大値 0.81 となるが，その次は $\boldsymbol{u}_{\mathrm{queen}}$ が 0.73 となる．つまり king + (woman − man) = queen という加減算ができたことになる．同様に sony + (xbox − microsoft) = playstation となり $\boldsymbol{u}_{\mathrm{playstation}}$ のコサイン類似度は 0.74 である．このように適切な表現学習によって単語の意味に関する演算がベクトルの加減算で実現できることは大変興味深い．

ここでは単語ベクトルだけを扱ったが，表現学習では画像と単語を同時に扱うこともできるので，たとえばクマ【画像】＋(白【単語】－茶色【単語】) ＝シロクマ【画像】のような画像と単語のベクトルの加減算も可能である (Fukui et al. 2016 [3])．ただし単語では分散表現 $\boldsymbol{y}$ をパラメータとしていたが，一般には画像特徴量などのデータベクトル $\boldsymbol{x}$ をニューラルネットワークを用いて分散表現 $\boldsymbol{y}$ に変換する．

次節以降では，ニューラルネットワークとグラフ埋め込みを用いた表現学習を紹介することを目的に，AI・データサイエンスに関連した次の話題を取り上げていく．

- ベクトルの基本事項とコサイン類似度，そして高次元空間での振る舞い (6.2〜6.4 節)
- 統計学で用いられる回帰分析とその学習アルゴリズム，最小 2 乗法と勾

148　第6章　AI・データサイエンス

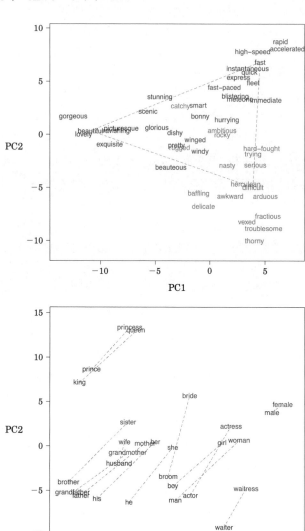

図 6.1 300次元の単語ベクトルをいくつか選び，2次元に射影して可視化した．多変量解析のひとつである主成分分析を用いている．意味の似ている単語は近くに配置される．

配降下法をエネルギー最小化の観点で説明 (6.5〜6.6 節)

- ニューラルネットワークとその学習アルゴリズム (6.7〜6.10 節)
- グラフ埋め込みと類似度の理論. ユークリッド空間への埋め込みと双曲空間への埋め込みの違い (6.11〜6.13 節)

6.2 ベクトル

まずベクトルについて基本的な事柄をまとめておく. 正の整数 n をひとつ固定して考える. n 個の実数 $a_1, a_2, \cdots, a_n \in \mathbb{R}$ を成分とする n 次元ベクトルを $\boldsymbol{a} = (a_1, \cdots, a_n)$ または

$$\boldsymbol{a} = \begin{pmatrix} a_1 \\ \vdots \\ a_n \end{pmatrix}$$

と表す. $\vec{a} = (a_1, a_2)$ のように矢印を使うこともあるが, 太文字 $\boldsymbol{a}$ で表す. 横に並べたものは横ベクトルまたは行ベクトル, 縦に並べたものは縦ベクトルまたは列ベクトルとよぶが, とりあえず行ベクトル, 列ベクトルを特に区別なく扱う. n 次元ベクトルの集合を $\mathbb{R}^n$ と表し, n 次元ベクトルは n 次元ユークリッド空間の点を表すと解釈する.

2つのベクトル $\boldsymbol{a} = (a_1, \cdots, a_n) \in \mathbb{R}^n$ と $\boldsymbol{b} = (b_1, \cdots, b_n) \in \mathbb{R}^n$ の和は $\boldsymbol{a} + \boldsymbol{b} = (a_1 + b_1, \cdots, a_n + b_n)$, 実数 $c \in \mathbb{R}$ にたいして c 倍は $c\boldsymbol{a} = (ca_1, \cdots, ca_n)$ と定義しておく. 2つのベクトルの関係を表す重要な量として, $\boldsymbol{a}$ と $\boldsymbol{b}$ の内積は次式で定義される.

$$\langle \boldsymbol{a}, \boldsymbol{b} \rangle = \sum_{i=1}^{n} a_i b_i$$

内積の記号は $\boldsymbol{a} \cdot \boldsymbol{b}$ とすることもあるが, $\langle \boldsymbol{a}, \boldsymbol{b} \rangle$ を使う. ベクトルの長さは $\|\boldsymbol{a}\| = \sqrt{\sum\limits_{i=1} a_i^2}$ と定義され, ノルムとよばれる. 内積を用いると $\|\boldsymbol{a}\|^2 = \langle \boldsymbol{a}, \boldsymbol{a} \rangle$ と表せる. これらの記号を用いて, 2つのベクトル $\boldsymbol{a}$ と $\boldsymbol{b}$ のなす角 $0 \leqq \theta \leqq \pi$ のコサインは次式で表される.

$$\cos \theta = \frac{\langle \boldsymbol{a}, \boldsymbol{b} \rangle}{\|\boldsymbol{a}\| \|\boldsymbol{b}\|}$$

たとえば $n = 3$ の場合は

$$\cos \theta = \frac{a_1 b_1 + a_2 b_2 + a_3 b_3}{\sqrt{(a_1^2 + a_2^2 + a_3^2)(b_1^2 + b_2^2 + b_3^2)}}$$

150 第6章 AI・データサイエンス

である．ベクトルをノルムで割って長さ 1 の単位ベクトル $u = a/\|a\|$, $v = b/\|b\|$ としておけば，$\cos\theta = \langle u, v \rangle$ と簡単に表せる．a と b が平行で同じ方向ならば $\cos\theta = 1$ $(\theta = 0)$，逆方向ならば $\cos\theta = -1$ $(\theta = \pi)$，直交していれば $\cos\theta = 0$ $(\theta = \pi/2)$ である．データ解析では 2 つのベクトル a と b がどれだけ似ているかを調べたいとき，a と b のなす角 $0 \leqq \theta \leqq \pi$ を用いて $\cos\theta$ を類似度とすることが多い．これをコサイン類似度という．

6.3 データの特性値

データの標本平均や標本分散などの特性値についてまとめておく．実数値の変数 x, y のペアを n 個観測したもの $(x_1, y_1), \cdots, (x_n, y_n)$ がデータとして与えられているとする．x の標本平均 $\overline{x}$ と標本分散 s_x^2 は

$$\overline{x} = \frac{1}{n} \sum_{i=1}^{n} x_i, \quad s_x^2 = \frac{1}{n} \sum_{i=1}^{n} (x_i - \overline{x})^2$$

である．「標本」というのはデータのことであるが，「標本」を省略して平均，分散とよばれることもある．x と y の (標本) 共分散 s_{xy} は

$$s_{xy} = \frac{1}{n} \sum_{i=1}^{n} (x_i - \overline{x})(y_i - \overline{y})$$

である．これらを使って，x と y の (標本) 相関係数は

$$r_{xy} = \frac{s_{xy}}{s_x s_y}$$

と定義される．ここで $s_x = \sqrt{s_x^2}$ は x の (標本) 標準偏差である．r_{xy} は x と y の関係の強さを表し，$-1 \leqq r_{xy} \leqq 1$ である．$r_{xy} = 1$ に近いとき強い正の相関，$r_{xy} = -1$ に近いとき強い負の相関，$r_{xy} = 0$ のとき無相関という．

データを n 次元ベクトルで表現すると，相関係数を幾何的に解釈できる．x, y の観測値からそれぞれの平均を引いたものを成分とするベクトルを考える．

$$a = \begin{pmatrix} x_1 - \overline{x} \\ \vdots \\ x_n - \overline{x} \end{pmatrix}, \quad b = \begin{pmatrix} y_1 - \overline{y} \\ \vdots \\ y_n - \overline{y} \end{pmatrix} \tag{6.1}$$

ベクトル a と b の成分の平均は $\overline{a} = \overline{b} = 0$ となる．このように各変数の平均をゼロにする前処理を中心化という．このとき分散と共分散は

$$s_x^2 = \frac{\|\boldsymbol{a}\|^2}{n}, \quad s_y^2 = \frac{\|\boldsymbol{b}\|^2}{n}, \quad s_{xy} = \frac{\langle \boldsymbol{a}, \boldsymbol{b} \rangle}{n}$$

であるから，相関係数は

$$r_{xy} = \frac{\langle \boldsymbol{a}, \boldsymbol{b} \rangle}{\|\boldsymbol{a}\|\,\|\boldsymbol{b}\|} = \cos\theta \tag{6.2}$$

と表される．ただし θ は $\boldsymbol{a}$ と $\boldsymbol{b}$ のなす角である．したがって，強い正の相関は $\theta = 0$ に近いとき，強い負の相関は $\theta = \pi$ に近いとき，無相関は $\theta = \pi/2$ ($\boldsymbol{a}$ と $\boldsymbol{b}$ が直交) のときである．あらかじめ変数が中心化してあれば，コサイン類似度は標本相関係数 r_{xy} でもあるから，関連性の指標としてわかりやすい．

6.4 高次元空間

コサイン類似度の性質を調べるために，次のようにベクトル $\boldsymbol{x}, \boldsymbol{y} \in \mathbb{R}^K$ をランダムに生成する実験を行う．あとで単語ベクトルとの対応をわかりやすくするために，この節ではベクトルの次元は n ではなく K とする．$\boldsymbol{x} = (x_1, \cdots, x_K)$, $\boldsymbol{y} = (y_1, \cdots, y_K)$ の各成分を擬似乱数のプログラムを用いて独立に生成する．各成分 x_i, y_i は実数であるが，実際にプログラムを実行するまでは値が定まらないので，確率変数 X_i, Y_i と考える．$\boldsymbol{X} = (X_1, \cdots, X_K)$, $\boldsymbol{Y} = (Y_1, \cdots, Y_K)$ は K 次元確率ベクトルである．$X_1, \cdots, X_K, Y_1, \cdots, Y_K$ は $2K$ 個の独立な確率変数で期待値はゼロ，分散は一定値とする．

今回の数値実験では区間 $(-1, 1)$ の一様分布にしたがう擬似乱数を用いて X_i, Y_i を生成する．そして $\boldsymbol{X}, \boldsymbol{Y}$ からコサイン類似度 $\cos\theta$ を計算する．これを 100,000 回繰り返して得られた $\cos\theta$ のヒストグラムを図 6.2 に示す．$K = 2$ のときは $|\cos\theta| = 1$ に近いところの頻度が高く $\cos\theta = 0$ に近いところは低い．$K = 3$ のときの $\cos\theta$ は区間 $(-1, 1)$ で一様分布に近くなる．ところが K が大きくなると様子が一変する．$K = 100$, $K = 1000$ と大きくすると $\cos\theta$ のバラツキが小さくなり，$\cos\theta = 0$ の周辺に分布が集中するようになる．したがって高次元空間でランダムな 2 つのベクトル $\boldsymbol{X}, \boldsymbol{Y}$ のなす角が直角に近くなる傾向があることを示している．ベクトルが互いに直交しているので，位置ベクトルとしてみると各点は互いに遠く離れていて，空間がスカスカ (スパースともいう) になっている．このような現象は「次

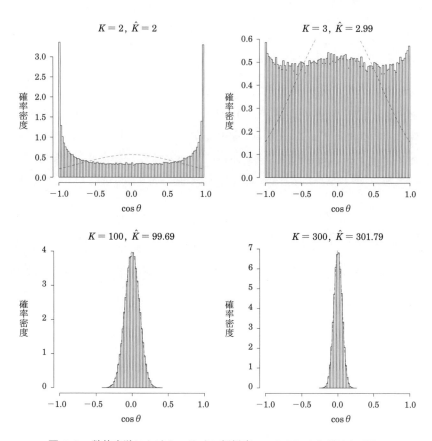

図 6.2 数値実験におけるコサイン類似度 $\cos\theta$ のヒストグラム ($K = 2, 3, 100, 1000$). ベクトルの各成分は一様分布から独立に生成.

元の呪い」などとよばれ，高次元空間での幾何は直感とは大きく異なることがある．別の例としては，K 次元の超立方体 $[0,1]^K$ の各座標軸を m 等分する格子点の数が m^K となり，空間を規則正しく埋める点の数は K の増加とともに急速に増える．

図 6.2 のヒストグラムには正規分布の確率密度関数が点線で示されている．ただし期待値は 0，分散は $s^2_{\cos\theta}$ ($\cos\theta$ の標本分散) を用いている．高次元 ($K = 100$ と $K = 1000$) ではヒストグラムがほぼ正規分布になっていることがわかる．さらに標本分散の逆数を $\hat{K} := 1/s^2_{\cos\theta}$ とおくと，各図で $\hat{K} \approx K$ となっている (これは低次元でも成り立つ)．このことから，K が

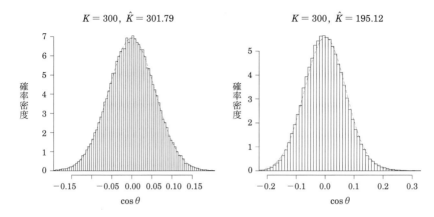

図 6.3 コサイン類似度 $\cos\theta$ のヒストグラム ($K = 300$). 左は図 6.2 とおなじ数値実験. 右は単語ベクトルの実測値.

十分大きいとき, $\cos\theta$ の従う確率分布は期待値 0, 分散 $1/K$ の正規分布に従うことがわかる. 実は $K \to \infty$ の極限で $\sqrt{K}\cos\theta$ の従う確率分布は期待値 0, 分散 1 の正規分布であることを証明できる (大数の法則と中心極限定理を用いる). ベクトルの各成分の従う確率分布が一様分布である必要はなく, どんな確率分布であっても (分散が有限値をとる条件さえ満たせば), $\sqrt{K}\cos\theta$ の従う確率分布が同じ正規分布になることは驚きである.

図 6.3 の左は上記と同じ実験で $K = 300$ としたものであるが, 横軸は調整してヒストグラム全体がちょうどはいる範囲をプロットしている. 一方, 図 6.3 の右は数値実験ではなく, 6.1 節の単語ベクトル ($K = 300$) $\boldsymbol{y}_1, \cdots, \boldsymbol{y}_n$ からランダムに 100,000 ペア取り出したときの $\cos\theta$ のヒストグラムである. ただし 6.1 節の単語ベクトルは前処理として各成分の標本平均をゼロにしている (中心化). どちらのヒストグラムもほぼ正規分布になっていることがわかる. 単語ベクトルはランダムではないが, さきほどの理論がよく当てはまっている. ただしベクトルの成分は必ずしも独立ではなく, また分散も一定ではないため, $\cos\theta$ の分散がやや大きくなる傾向がある. 結果として, 実質的な次元 $\hat{K} \approx 200$ はデータベクトルの次元 $K = 300$ よりも小さくなっている.

6.5 最小2乗法

実数値の変数 x, y の関係をシンプルな線形モデル

$$y = \beta_0 + \beta_1 x + e \tag{6.3}$$

で表すことを考える．e は誤差を表す．データ $(x_1, y_1), \cdots, (x_n, y_n)$ を (x, y) の散布図にプロットして，直線 $y = \beta_0 + \beta_1 x$ の y 切片 β_0 と傾き β_1 の値を適切に定めたい（図 6.4）．このようなデータ解析は回帰分析，得られる直線は回帰直線とよばれる．

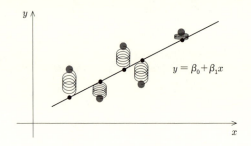

図 6.4 データ点と回帰直線をバネでつなぐ

直線のパラメータ (β_0, β_1) は物理モデルによって計算できる．板を用意してデータ点の座標に釘をうつ．回帰直線を表す棒を用意して，釘から棒にバネを取り付ける．ただしバネは y 軸方向のみ伸びると仮定する．手をはなしてしばらくすれば，バネの位置エネルギーが最小となる位置で直線の棒が止まるはずである．このときのパラメータの値を読み取って $(\widehat{\beta}_0, \widehat{\beta}_1)$ とすれば，任意の x における y の予測値 $\widehat{\beta}_0 + \widehat{\beta}_1 x$ が計算できる．

データ点 (x_i, y_i) の誤差は $e_i = y_i - (\beta_0 + \beta_1 x_i)$ である．バネ定数 k，自然長ゼロとすると，ながさ $|e_i|$ のバネのエネルギーは $(k/2)e_i^2$ となる．したがって全体のエネルギー $(k/2)\sum_{i=1}^{n} e_i^2$ は (β_0, β_1) の関数として

$$E(\beta_0, \beta_1) = \frac{k}{2} \sum_{i=1}^{n} \{y_i - (\beta_0 + \beta_1 x_i)\}^2$$

と表される．式を簡単にするため，以下ではバネ定数 $k = 2$ とおくと，E は誤差の2乗和になる．一般に，誤差の2乗和を最小にするパラメータ推定法を最小2乗法という．

最小2乗法によって $E(\beta_0, \beta_1)$ が最小となるパラメータ値 $(\widehat{\beta_0}, \widehat{\beta_1})$ を求める. ハット記号 $(\widehat{})$ はデータから計算した推定値であることを表す. まず回帰直線がデータの重心 $(\overline{x}, \overline{y})$ を通ることを確かめておく. $E(\beta_0, \beta_1)$ を β_0 で微分して式を整理すると

$$-\frac{1}{2n}\frac{\partial E}{\partial \beta_0} = \overline{y} - (\beta_0 + \beta_1 \overline{x})$$

が得られる. ただし β_1 は定数とみなして微分するため, 偏微分の記号 ∂ を用いた. もし式変形がよくわからなくても, 結果を認めて先にすすんでよい. E を最小にするパラメータ値では E の微分はゼロになるはず (極値) だから, さきほどの微分の式をゼロとおくと

$$\overline{y} = \beta_0 + \beta_1 \overline{x} \tag{6.4}$$

が得られる. これで回帰直線はデータの重心を通ることが確かめられた.

次に E を最小にする β_1 の値を計算する. $y_i = \beta_0 + \beta_1 x_i + e_i$ の両辺から (6.4) の両辺を引くと

$$y_i - \overline{y} = \beta_1(x_i - \overline{x}) + e_i, \quad i = 1, \cdots, n$$

である. この式を n 次元ベクトル (6.1) を用いて表すと

$$\boldsymbol{b} = \beta_1 \boldsymbol{a} + \boldsymbol{e} \tag{6.5}$$

となる. ただし $e_1, e_2 \cdots, e_n$ を成分とする n 次元ベクトルを $\boldsymbol{e}$ と表す. ベクトルの記号を用いるとバネのエネルギーは

$$E = \sum_{i=1}^{n} e_i = \|\boldsymbol{e}\|^2 = \|\boldsymbol{b} - \beta_1 \boldsymbol{a}\|^2$$

とかける. これを展開して整理すると, $E = \langle \boldsymbol{b} - \beta_1 \boldsymbol{a}, \boldsymbol{b} - \beta_1 \boldsymbol{a} \rangle = \|\boldsymbol{b}\|^2 - 2\beta_1 \langle \boldsymbol{a}, \boldsymbol{b} \rangle + \beta_1^2 \|\boldsymbol{a}\|^2$ が得られる. この式変形では, 内積の性質として $\langle \boldsymbol{a} + \boldsymbol{b}, \boldsymbol{a} + \boldsymbol{b} \rangle = \|\boldsymbol{a}\|^2 + \|\boldsymbol{b}\|^2 + 2\langle \boldsymbol{a}, \boldsymbol{b} \rangle$ や $\langle c\boldsymbol{a}, \boldsymbol{b} \rangle = c\langle \boldsymbol{a}, \boldsymbol{b} \rangle$ などを用いている. 以上より, E は β_1 の2次関数であることがわかった. $\beta_1 = \langle \boldsymbol{a}, \boldsymbol{b} \rangle / \|\boldsymbol{a}\|^2$ のとき E は最小値 $\|\boldsymbol{b}\|^2 - (\langle \boldsymbol{a}, \boldsymbol{b} \rangle / \|\boldsymbol{a}\|)^2$ をとる. この β_1 を (6.4) に代入すれば $\beta_0 = \overline{y} - \beta_1 \overline{x}$ の値が得られる. ここまでの議論をまとめると, $E(\beta_0, \beta_1)$ を最小にするパラメータ値 $(\widehat{\beta_0}, \widehat{\beta_1})$ は

$$\widehat{\beta_0} = \overline{y} - \frac{\langle \boldsymbol{a}, \boldsymbol{b} \rangle \overline{x}}{\|\boldsymbol{a}\|^2}, \quad \widehat{\beta_1} = \frac{\langle \boldsymbol{a}, \boldsymbol{b} \rangle}{\|\boldsymbol{a}\|^2}$$

である.分散と共分散を用いれば,次式で表される.
$$\widehat{\beta}_0 = \overline{y} - \frac{s_{xy}\overline{x}}{s_x^2}, \quad \widehat{\beta}_1 = \frac{s_{xy}}{s_x^2}$$

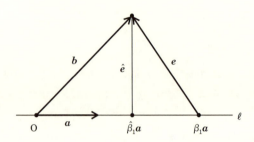

図 **6.5** ベクトル $\boldsymbol{b}$ をベクトル $\boldsymbol{a}$ 方向の直線 ℓ へ正射影する

最小 2 乗法の計算は n 次元ユークリッド空間の正射影と解釈できる (図 6.5). $\boldsymbol{a}$ と $\boldsymbol{b}$ は原点を始点とする位置ベクトル, $\boldsymbol{a}$ 方向の直線を ℓ とする.エネルギー $E = \|e\|^2$ が最小になるのは, $\boldsymbol{e} = \boldsymbol{b} - \beta_1 \boldsymbol{a}$ の長さが最小のときであるから,このとき点 $\boldsymbol{b}$ から ℓ におろした垂線の足が $\widehat{\beta}_1 \boldsymbol{a}$ となる. $\widehat{\boldsymbol{e}} = \boldsymbol{b} - \widehat{\beta}_1 \boldsymbol{a}$ とおくと $\widehat{\boldsymbol{e}}$ と $\boldsymbol{a}$ は直交するから, $\langle \boldsymbol{a}, \widehat{\boldsymbol{e}} \rangle = 0$ のはずである.したがって
$$\langle \boldsymbol{a}, \widehat{\boldsymbol{e}} \rangle = \langle \boldsymbol{a}, \boldsymbol{b} - \widehat{\beta}_1 \boldsymbol{a} \rangle = \langle \boldsymbol{a}, \boldsymbol{b} \rangle - \widehat{\beta}_1 \|\boldsymbol{a}\|^2 = 0$$
より, $\widehat{\beta}_1 = \langle \boldsymbol{a}, \boldsymbol{b} \rangle / \|\boldsymbol{a}\|^2$ となることが確かめられた.また,
$$\|\widehat{\boldsymbol{e}}\| = \|\boldsymbol{b}\| \sin \theta = \|\boldsymbol{b}\| \sqrt{1 - \cos^2 \theta} = \|\boldsymbol{b}\| \sqrt{1 - r_{xy}^2}$$
であるから, $|r_{xy}|$ が 1 に近いときは E の最小値がほぼゼロとなり,回帰直線は小さい誤差でデータに当てはまる.統計学では $\widehat{\boldsymbol{e}}$ の成分 $\widehat{e}_1, \cdots, \widehat{e}_n$ は残差とよばれ,誤差 $e_1, \cdots, e_n$ とは区別される.

6.6　勾配降下法

これまで入力変数 x は実数であったが,ここでは入力変数 $\boldsymbol{x} \in \mathbb{R}^p$ は p 次元ベクトルとする.例えば事前学習済みの畳み込みニューラルネットで得られる画像特徴量は $p =$ 数百〜数千次元である.出力変数はとりあえず実数 $y \in \mathbb{R}$ としておく.変数のペア $(\boldsymbol{x}, y)$ を n 個観測したもの $(\boldsymbol{x}_1, y_1), \cdots,$ $(\boldsymbol{x}_n, y_n)$ がデータとして与えられている.変数 $\boldsymbol{x}$ の i 番目の要素を x^i, $\boldsymbol{x}_t$

の i 番目の要素を x_t^i と表す (添字 $1 \leqq i \leqq p, 1 \leqq t \leqq n$). <u>$x^i$ は x の i 乗の意味ではないので注意</u>. そして $(\boldsymbol{x}, y)$ のモデルを

$$y = f(\boldsymbol{x}, \boldsymbol{\varphi}) + e \tag{6.6}$$

と表す. ここで関数 f のパラメータは r 次元ベクトル $\boldsymbol{\varphi} \in \mathbb{R}^r$ である. 先程の回帰直線の場合は $p = 1, r = 2, \boldsymbol{\varphi} = (\beta_0, \beta_1), f(x, \boldsymbol{\varphi}) = \beta_0 + \beta_1 x$ と表される. 回帰直線のモデルを p 次元の入力変数へ拡張すると, $r = p + 1$, $\boldsymbol{\varphi} = (\beta_0, \beta_1, \cdots, \beta_p)$ とおいて線形モデル

$$f(\boldsymbol{x}, \boldsymbol{\varphi}) = \beta_0 + \beta_1 x^1 + \cdots + \beta_p x^p \tag{6.7}$$

となる. 形式的に $x^0 = 1$ とおけば $f(\boldsymbol{x}, \boldsymbol{\varphi}) = \sum_{i=0}^{p} \beta_i x^i$ であるから, 入力 $\boldsymbol{x}$ と出力 y の関係が線形といえるが, パラメータ $\boldsymbol{\varphi}$ と y の関係も線形になっている. 入力 $x \in \mathbb{R}$ に対して, x の i 乗を $(x)^i$ と書いて $\boldsymbol{x} = (1, x, (x)^2, \cdots, (x)^p)$ とおくと, 多項式モデル

$$f(x, \boldsymbol{\varphi}) = \beta_0 + \beta_1 x + \beta_1 (x)^2 + \cdots + \beta_p (x)^p \tag{6.8}$$

における x と y の関係は非線形になるが, パラメータ $\boldsymbol{\varphi}$ に関しては線形モデルとなる. このようにパラメータに関して線形ならば最小 2 乗法の解は行列を用いて明示的にかける (6.9 節).

より複雑な関係を表すときには, 一般にモデル $f(\boldsymbol{x}, \boldsymbol{\varphi})$ は $\boldsymbol{x}$ と $\boldsymbol{\varphi}$ のどちらに関しても非線形になる. 次節で述べるニューラルネットワークはその代表的な例である. このとき最小 2 乗法の解は明示的にかけなくなるが, 以下で説明する勾配降下法 (または最急降下法) を用いて数値的に計算できる. まず「バネのエネルギー」に相当する誤差関数は

$$E(\boldsymbol{\varphi}) = \frac{1}{n} \sum_{t=1}^{n} \{y_t - f(\boldsymbol{x}_t, \boldsymbol{\varphi})\}^2$$

である. ただしデータのサンプルサイズ n の影響を受けないように n で割って誤差の 2 乗 $\{y - f(\boldsymbol{x}, \boldsymbol{\varphi})\}^2$ の平均値にしてある. この E を最小にするパラメータ $\boldsymbol{\varphi} \in \mathbb{R}^r$ の値 $\widehat{\boldsymbol{\varphi}}$ を計算したい. 残念ながら線形モデルのときのような簡単な式はない. そこで釘とバネの実験を形式的に模倣した計算を行う. E の勾配とは, $E(\boldsymbol{\varphi})$ を $\boldsymbol{\varphi}$ の各成分で偏微分したベクトル

$$\nabla E(\boldsymbol{\varphi}) = \left(\frac{\partial E}{\partial \varphi_1}, \cdots, \frac{\partial E}{\partial \varphi_r} \right)$$

158   第 6 章   AI・データサイエンス

である．ここでパラメータ φ を位置座標とみなして少しずつ移動させる
ことを考える．時刻 $s = 0, 1, \cdots$ における位置を $\varphi^{(s)}$ とする．一般に位置
エネルギーの勾配の向きを反転したものが力のベクトルになる．加速度は
考えずに，この力の方向に φ を動かすと E は減少する．そこで $\varphi^{(s)}$ から
$\varphi^{(s+1)}$ を次式で計算する．

$$\varphi^{(s+1)} = \varphi^{(s)} - \gamma^{(s)} \nabla E(\varphi^{(s)}) \tag{6.9}$$

$\gamma^{(s)} > 0$ は小さい定数値であるが，$\gamma^{(s)} = 1/s$ のように徐々に小さくしてい
くこともある．適当な初期値 $\varphi^{(0)}$ から出発して反復計算によって徐々に E
は減少するので，勾配の大きさが十分小さくなったところで $\hat{\varphi} = \varphi^{(s)}$ とお
いて停止させる．

　大規模データでは n が非常に大きいので，勾配の計算コストが大きくな
る．反復あたりの計算時間だけでなく，データを保持するためのメモリ
容量も大きくなる．そこで以下に説明するミニバッチ確率的勾配降下法
(minibatch SGD) が用いられる．全データの添字 $\{1, \cdots, n\}$ の適当な部分
集合を B として，部分データ $\{(\boldsymbol{x}_t, y_t) \mid t \in B\}$ をミニバッチという．誤差
の 2 乗 $\{y_t - f(\boldsymbol{x}_t, \varphi)\}^2$ をミニバッチで平均して

$$E_B(\varphi) = \frac{1}{|B|} \sum_{t \in B} \{y_t - f(\boldsymbol{x}_t, \varphi)\}^2$$

とすれば，ミニバッチのサイズ $|B|$ がある程度大きいとき $E_B(\varphi)$ は $E(\varphi)$
を近似するはずである．勾配 $\nabla E_B(\varphi)$ の計算は $\nabla\{y_t - f(\boldsymbol{x}_t, \varphi)\}^2$ をミニ
バッチで平均すれば良い．

　時刻 s のミニバッチ添字集合を $B^{(s)}$ とする．パラメータの更新式は

$$\varphi^{(s+1)} = \varphi^{(s)} - \gamma^{(s)} \nabla E_{B^{(s)}}(\varphi^{(s)}) \tag{6.10}$$

となる．ミニバッチの作り方の例としては，あらかじめデータをランダムに
ならべかえておき，先頭から順番に一定の大きさの B を取り出す．このと
き $n/|B|$ 回反復すれば全データを一通り利用して反復したことになる (これ
を 1 エポックという)．通常の勾配降下法 (6.9) と比べると，1 エポックあた
りの計算時間は変わらないが 1 反復あたりに必要なメモリ容量が小さい利点
がある．これだけでなく，ミニバッチをランダムにサンプリングしているた
め勾配の近似に確率的な変動が生じて，反復が極小値に収束することを防ぐ

効果もある．さらにミニバッチ確率的勾配降下法を改良するさまざまな手法が提案されており，(6.10) に慣性や加速の効果を加えたり，適応的な学習にする方法が一般的である．ミニバッチ確率的勾配降下法とその改良版は単純なアルゴリズムであるにもかかわらずニューラルネットワークのパラメータ推定においてたいへん有効なため，広く用いられている．

6.7　ニューラルネットワークのモデル

ニューラルネットワークの一種に多層パーセプトロンがある．線形モデル (6.7) に活性化関数とよばれる非線形関数を追加したものをひとつの素子と考えて，それを層状に多数接続したモデルである．要するにこれが非線形関数 $f(\boldsymbol{x}, \boldsymbol{\varphi})$ の形にかけて，任意の連続関数を近似する能力がある．これを発展させた多様なニューラルネットワークが現在研究されているが，多層パーセプトロンはその基本形である．なお非線形関数 $f(\boldsymbol{x}, \boldsymbol{\varphi})$ をブラックボックスとして扱うこともできるため，この節は読み飛ばしても構わない．

層の数を L として，第 1 層から第 2 層，第 2 層から第 3 層と順番に第 L 層まで接続している．入力から数えて l 番目の層にある素子の個数を p_l とする．第 l 層の i 番目の素子を関数 f_{li} で表して

$$f_{li}(\boldsymbol{x}, \boldsymbol{\varphi}_{li}) = \sigma(\beta_{li0} + \beta_{li1} x^1 + \cdots + \beta_{lip_{l-1}} x^{p_{l-1}})$$

と定義する．入力ベクトル $\boldsymbol{x} \in \mathbb{R}^{p_{l-1}}$ はひとつ前の層の出力を使うので p_{l-1} 次元，パラメータは $\boldsymbol{\varphi}_{li} = (\beta_{li0}, \beta_{li1}, \cdots, \beta_{lip_{l-1}}) \in \mathbb{R}^{p_{l-1}+1}$ である．線形モデル (6.7) と違い，出力に活性化関数 $\sigma(x)$ を追加している．代表的な活性化関数は ReLU 関数 (またはランプ関数) $\sigma(x) = \max(x, 0)$ やシグモイド関数 $\sigma(x) = 1/(1 + e^{-x})$ である．このような非線形関数を追加することによってニューラルネットワークの表現力が大幅に高くなる．

素子への入力はひとつ前の層の出力である．第 l 層の i 番目の素子の出力を y_{li}，第 l 層の出力を並べた p_l 次元ベクトルを $\boldsymbol{y}^l = (y^{l1}, \cdots, y^{lp_l}) \in \mathbb{R}^{p_l}$ とすれば，ひとつ前の第 $l-1$ 層の出力を入力に接続するので

$$y^{li} = f_{li}(\boldsymbol{y}^{l-1}, \boldsymbol{\varphi}_{li})$$

と表される．ただし最初の層 $l = 1$ では外部からの入力をそのまま出力とするために $\boldsymbol{y}^1 = \boldsymbol{x} \in \mathbb{R}^p$, $p_1 = p$ とおく．また最後の層は素子はひとつ

160 第6章 AI・データサイエンス

$(p_L = 1)$ として y^L が外部への出力とする. パラメータをすべて並べたベクトルを $\boldsymbol{\varphi} = (\boldsymbol{\varphi}_{11}, \boldsymbol{\varphi}_{12}, \cdots, \boldsymbol{\varphi}_{L1})$ とすると, その次元は $r = \sum_{l=2}^{L} p_l(p_{l-1} + 1)$ である. 上記の説明は一見複雑に見えるが, 入力 $\boldsymbol{x}$ から出力 y^L を計算するだけなので, ニューラルネットワークを $f(\boldsymbol{x}, \boldsymbol{\varphi}) = y^L$ と定義する.

ミニバッチ確率的勾配法をニューラルネットワークに適用するためには, 勾配 $\nabla E_B(\boldsymbol{\varphi})$ を計算する必要がある. これを効率よく実行する方法が誤差逆伝搬法 (バックプロパゲーション) である. ひとつの $(\boldsymbol{x}, y)$ について $E_1(\boldsymbol{\varphi}) = \{y - f(\boldsymbol{x}, \boldsymbol{\varphi})\}^2$ の勾配を計算できれば, これをミニバッチで平均して $\nabla E_B(\boldsymbol{\varphi})$ が得られる. 形式的に $y^{l0} = 1$ とおいて多層パーセプトロンのモデルを整理すると, 第 l 層の i 番目の素子の出力は

$$y^{li} = \sigma(z^{li}), \quad z^{li} = \sum_{j=0}^{p_{l-1}} \beta_{lij} y^{(l-1)j}$$

と表現できる. したがって勾配 $\nabla E_1(\boldsymbol{\varphi})$ の β_{lij} 成分は

$$\frac{\partial E_1}{\partial \beta_{lij}} = \frac{\partial E_1}{\partial y^{li}} \frac{\partial \sigma(z^{li})}{\partial z^{li}} \frac{\partial z^{li}}{\partial \beta_{lij}}$$
$$= \frac{\partial E_1}{\partial y^{li}} \sigma'(z^{li}) \, y^{(l-1)j} \tag{6.11}$$

1 行目は合成関数の微分の公式 (チェインルール) を用いている. また $\sigma'(x) = d\sigma(x)/dx$ である. したがって $\partial E_1/\partial y^{li}$ の値がわかれば (6.11) から勾配が計算できる. そこで, ふたたびチェインルールを用いて

$$\frac{\partial E_1}{\partial y^{(l-1)j}} = \sum_{i=1}^{p_l} \frac{\partial E_1}{\partial y^{li}} \frac{\partial \sigma(z^{li})}{\partial z^{li}} \frac{\partial z^{li}}{\partial y^{(l-1)j}}$$
$$= \sum_{i=1}^{p_l} \frac{\partial E_1}{\partial y^{li}} \sigma'(z^{li}) \, \beta_{lij} \tag{6.12}$$

とすれば, 第 l 層の微分 $\partial E_1/\partial y^{li}$, $i = 1, \cdots, p_l$ から第 $l-1$ 層の微分 $\partial E_1/\partial y^{(l-1)j}$, $j = 1, \cdots, p_{l-1}$ が計算できる. 最終層の微分 $\partial E_1/\partial y^L = -2(y - y^L)$ から出発して, (6.12) を後ろ向きに $l = L, L-1, L-2, \cdots, 2$ の順番で計算すればすべての層での微分が計算できる. ここでは多層パーセプトロンで説明したが, どのようなモデルでも計算の流れをネットワークとして考えると誤差逆伝搬法が適用できる. 一般に関数を計算するプログラムコードを直接解析してチェインルールを適用する自動微分法も実用化されている.

6.8 ニューラルネットワークの表現力

多層パーセプトロン $f(\boldsymbol{x}, \boldsymbol{\varphi})$ はどのような $\boldsymbol{x}$ の関数を表現できるだろうか? 簡単のため3層の多層パーセプトロン $(L = 3)$ で最終層の活性化関数を取り除いたものを考える。中間層の素子数を H とすると,

$$f(\boldsymbol{x}, \boldsymbol{\varphi}) = \alpha_0 + \sum_{i=1}^{H} \alpha_i \, \sigma\Big(\beta_{i0} + \sum_{j=1}^{p} \beta_{ij} x^j\Big) \tag{6.13}$$

ただし α_i は最終層 $(l = 3)$ のパラメータ, β_{ij} は中間層 $(l = 2)$ のパラメータで $\boldsymbol{\varphi} = (\alpha_0, \cdots, \alpha_H, \beta_{10}, \cdots, \beta_{Hp}) \in \mathbb{R}^r$ の次元は $r = H(p + 2) + 1$ である。 H が十分に大きいとき, $\boldsymbol{\varphi}$ を適切に選ぶと $f(\boldsymbol{x}, \boldsymbol{\varphi})$ は任意の連続関数を近似できることが知られており,普遍性定理または万能近似定理 (universal approximation theorem) とよばれる。Funahashi (1989) [4], Cybenko (1989) [2] の定理は次のように表現される。入力の取りうる集合 $\mathcal{X}$ はコンパクト (例えば $[0, 1]^p$ など,有限の大きさをもつ閉集合) で, $\sigma(x)$ はシグモイド型の関数とする。 $f^*(\boldsymbol{x})$ は任意の連続関数とする。このとき任意の $\varepsilon > 0$ に対して H と $\boldsymbol{\varphi}$ を適切に決めておくと

$$|f^*(\boldsymbol{x}) - f(\boldsymbol{x}, \boldsymbol{\varphi})| < \varepsilon, \quad \boldsymbol{x} \in \mathcal{X}$$

とできる。すなわち連続関数 f^* を小さい誤差 ε で一様に近似できる。

次の疑問として, H を増やすとき,誤差はどのように小さくなるだろうか? この回答は Barron (1993) [1] の定理で与えられる。まず $\boldsymbol{x}$ の確率密度関数を $q(\boldsymbol{x})$ とすれば2乗誤差の期待値は

$$\int (f^*(\boldsymbol{x}) - f(\boldsymbol{x}, \boldsymbol{\varphi}))^2 q(\boldsymbol{x}) \, d\boldsymbol{x}$$

である。3層パーセプトロン (6.13) でパラメータ $\boldsymbol{\varphi}$ をうまく選ぶと,この誤差は H^{-1} に比例して小さくできる。ところがもし中間層の関数を固定してしまったらどうなるだろうか? 中間層のパラメータ β_{ij} をすべて固定する場合や,もしくはフーリエ級数のようにあらかじめ関数系を与える場合がこれに相当する。すなわち $(\alpha_0, \alpha_1, \cdots, \alpha_H)$ だけを調節する場合の誤差は $H^{-2/p}$ に比例するかそれより大きくなってしまう。入力次元 p が大きい場合, H を増やすときの H^{-1} と $H^{-2/p}$ の減り方は大きく異なる。 $H^{-2/p}$ の減少はきわめてゆっくりだから,近似誤差を十分小さくするには H を p に関して指数的に大きくする必要がある。これは次元の呪いの例である。一

方，ニューラルネットワークの誤差 H^{-1} は次元 p に依存せず，次元の呪いの影響を受けないことがわかる．これが，ニューラルネットワークの性能の秘密である．

ここでは 3 層パーセプトロンを考えたが，L を大きくした場合は深層学習 (ディープラーニング) などとよばれ，その性能の高さが実証されている．中間層の素子数を増やすよりも層の深さを増やしたほうが飛躍的に高い性能が得られることも理論的に解明されつつあり，現在盛んに研究されている．

6.9 重回帰分析

6.6 節と同じように変数のペア $(\boldsymbol{x}, y)$ を n 個観測したもの $(\boldsymbol{x}_t, y_t)$，$t = 1, \cdots, n$ をデータとして，線形モデル (6.7) のパラメータ推定について考える．これは重回帰分析とよばれる．入力ベクトル $\boldsymbol{x} \in \mathbb{R}^p$ の i 番目の変数 x^i について標本平均は $\overline{x}^i = \dfrac{1}{n} \sum\limits_{t=1}^{n} x_t^i$ である．まず各変数から平均を引く前処理 (中心化) を行う．縦ベクトル $\boldsymbol{a}^i \in \mathbb{R}^n$ をすべての変数について並べたサイズ $n \times p$ のデータ行列 $\boldsymbol{A} \in \mathbb{R}^{n \times p}$ をつくる．

$$\boldsymbol{a}^i = \begin{pmatrix} x_1^i - \overline{x}^i \\ \vdots \\ x_n^i - \overline{x}^i \end{pmatrix}, \quad \boldsymbol{A} = \begin{pmatrix} x_1^1 - \overline{x}^1 & \cdots & x_1^p - \overline{x}^p \\ \vdots & & \vdots \\ x_n^1 - \overline{x}^1 & \cdots & x_n^p - \overline{x}^p \end{pmatrix} \tag{6.14}$$

ここでは縦ベクトルと横ベクトルを区別していて，$\boldsymbol{a}^i$ はサイズ $n \times 1$ の行列，データ行列は $\boldsymbol{A} = (\boldsymbol{a}^1, \cdots, \boldsymbol{a}^p)$ とかける．(6.1) の $\boldsymbol{b} \in \mathbb{R}^n$ を用いると，線形モデル (6.7) は次式で表される．

$$\boldsymbol{b} = \sum_{i=1}^{p} \beta_i \boldsymbol{a}^i + \boldsymbol{e} = \boldsymbol{A}\boldsymbol{\beta} + \boldsymbol{e}$$

ここで $\boldsymbol{\beta} = (\beta_1, \cdots, \beta_p)^T \in \mathbb{R}^p$ は縦ベクトルである．ただし一般に行列 $\boldsymbol{M}$ について $\boldsymbol{M}^T$ は転置を表し，列と行を入れ替える．

誤差の 2 乗和 $E(\boldsymbol{\beta}) = \|\boldsymbol{e}\|^2 = \|\boldsymbol{b} - \boldsymbol{A}\boldsymbol{\beta}\|^2$ を最小にするパラメータベクトル $\widehat{\boldsymbol{\beta}}$ は次式で与えられる．

$$\widehat{\boldsymbol{\beta}} = (\boldsymbol{A}^T \boldsymbol{A})^{-1} \boldsymbol{A}^T \boldsymbol{b} \tag{6.15}$$

ただし $\boldsymbol{M}^{-1} \in \mathbb{R}^{p \times p}$ は正方行列 $\boldsymbol{M} \in \mathbb{R}^{p \times p}$ の逆行列を表しており，$\boldsymbol{M}^{-1}\boldsymbol{M} = \boldsymbol{M}\boldsymbol{M}^{-1} = \boldsymbol{I}_p$ (単位行列) である．$\boldsymbol{A}^T \boldsymbol{A}$ の逆行列が存在するための条件として $\{\boldsymbol{a}^1, \cdots, \boldsymbol{a}^p\}$ が一次独立であることを仮定しておく．実際

のデータで (6.15) を数値的に計算するには行列計算のソフトウエアライブラリが利用できる．$A^T A \in \mathbb{R}^{p \times p}$ の (i,j) 成分は $(a^i)^T a^j = \langle a^i, a^j \rangle = n s_{x^i x^j}$，$A^T b \in \mathbb{R}^p$ の第 i 成分は $(a^i)^T b = \langle a^i, b \rangle = n s_{x^i y}$ であるから，とくに $p = 1$ の場合の (6.15) は $\widehat{\beta}_1 = s_{x^1 y}/s_{x^1}^2$ となり 6.5 節の結果と一致する．

このように $\widehat{\beta}$ を定義すると，任意の $\beta \in \mathbb{R}^p$ で次式を満たす．

$$\|b - A\beta\|^2 = \|b - A\widehat{\beta}\|^2 + \|A\widehat{\beta} - A\beta\|^2 \tag{6.16}$$

これを最小にするには右辺で $\beta = \widehat{\beta}$ とすれば良いことから，最小 2 乗法の解が $\widehat{\beta}$ であることが確認できる．(6.16) を証明するには左辺を $\|(b - A\widehat{\beta}) + (A\widehat{\beta} - A\beta)\|^2 = \|b - A\widehat{\beta}\|^2 + \|A\widehat{\beta} - A\beta\|^2 + 2\langle A(\widehat{\beta} - \beta), b - A\widehat{\beta}\rangle$ と展開して，最後の項に (6.15) を代入すれば内積 $= 0$ が示せる．

線形モデルの最小 2 乗法は次のように幾何的に考えるとわかりやすい (図 6.6)．$\{a^1, \cdots, a^p\}$ の線形結合によって作られる集合 $\mathcal{M}_{線形} = \left\{\sum_{i=1}^p \beta_i a^i \,\middle|\, \beta \in \mathbb{R}^p\right\}$ は p 次元線形部分空間であるが，これはユークリッド空間 $\mathbb{R}^n$ において平坦な集合である．(6.16) は直角三角形の「ピタゴラスの定理」を表している．点 b から $\mathcal{M}_{線形}$ 上の点 $A\beta$ への距離の 2 乗が $E(\beta) = \|e\|^2$ である．これを最小にするには垂線の足 $A\widehat{\beta}$ を選べば良い．

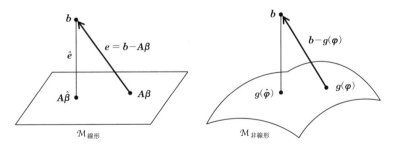

図 **6.6** 回帰モデルの射影と，非線形回帰モデルの射影

ニューラルネットワークなど非線形モデル $f(x, \varphi)$ の最小 2 乗法も幾何的に考えて良い．パラメータ値 φ のときのユークリッド空間 $\mathbb{R}^n$ の点を $g(\varphi) := (f(x_1, \varphi) - \bar{y}, \cdots, f(x_n, \varphi) - \bar{y})^T \in \mathbb{R}^n$ と定義する．集合 $\mathcal{M}_{非線形} = \{g(\varphi) \mid \varphi \in \mathbb{R}^r\}$ は曲がった r 次元の曲面を表している．最小 2

164　第6章　AI・データサイエンス

乗法の解 $\widehat{\varphi}$ は誤差の2乗和 $E(\varphi) = \|\boldsymbol{b} - \boldsymbol{g}(\varphi)\|^2$ を最小にするが，これは $\boldsymbol{b}$ から曲面 $\mathcal{M}_{\text{非線形}}$ への距離を最小にする点 $\boldsymbol{g}(\widehat{\varphi})$ を求めていることになる．非線形モデルでも最小2乗法はこのように幾何的に解釈できるが，線形モデルのときの解 (6.15) のような明示的な式は得られず，実際の数値計算は反復法を用いる．パラメータの次元 r を増やすと複雑な関数を表現できるようになり，$\mathcal{M}_{\text{非線形}}$ の形状も複雑になるが，ミニバッチ確率的勾配降下法などのアルゴリズムによる数値的最適化は有効に機能する．

6.10　汎化誤差

パラメータ数 r を大きくしたほうが一般に $E(\widehat{\varphi})$ は小さくなる．より複雑なモデルを用いてすこしでも r を大きくしたほうが良いだろうか？　この問題に答えるために，テスト用の新たなデータ $(\widetilde{\boldsymbol{x}}_t, \widetilde{y}_t)$, $t = 1, \cdots, \widetilde{n}$ が将来得られると想定して，誤差関数 $\widetilde{E}(\varphi) = \widetilde{n}^{-1} \sum_{t=1}^{\widetilde{n}} (\widetilde{y}_t - f(\widetilde{\boldsymbol{x}}_t, \varphi))^2$ を定義する．そして学習データから推定したパラメータ値 $\widehat{\varphi}$ をつかってテストデータにおける $\widetilde{E}(\widehat{\varphi})$ を考える．このように定義した誤差関数を一般に汎化誤差という．学習データでいくら $E(\widehat{\varphi})$ が小さくなってもあまり意味はなく，将来の予測にモデルを役立てるためにはテストデータで $\widetilde{E}(\widehat{\varphi})$ を小さくするべきである．r を増やすとはじめは $\widetilde{E}(\widehat{\varphi})$ も小さくなるが，r を増やしすぎると今度は逆に $\widetilde{E}(\widehat{\varphi})$ が増加してしまうことが知られている．汎化誤差の一般式としては赤池情報量規準

$$\text{AIC} = -2 \times \log L(\widehat{\varphi}) + 2r$$

が有名である．ここで $L(\varphi)$ は尤度関数とよばれ，観測データにおける確率密度関数の値である．モデル (6.6) の誤差 e に正規分布を仮定すれば，$\text{AIC} = n \log E(\widehat{\varphi}) + 2r$ となり，$2r$ がパラメータ数増加によるペナルティを表している．機械学習の実践では AIC のような理論式ではなく，クロスバリデーションで数値的に汎化誤差を計算することが多い．つまり観測データをすべて学習に使うことはせずに，あらかじめ学習用と検証用に分割して，例えば90%を学習用として $E(\varphi)$ の計算に用いる．これを最小化して $\widehat{\varphi}$ を求め，残りの10%を検証用として $\widetilde{E}(\widehat{\varphi})$ を計算する．

データのサイズ n を固定してパラメータ数 r を必要以上に増やすと汎化誤

差が大きくなる．このような状況を過学習という．要するに目的関数 $E(\varphi)$ の最適化を頑張りすぎるとかえって予測性能が悪くなるので，適当にサボるほうがよい．とくにニューラルネットワークなど r が極端に大きいモデルを使うときは常に過学習の恐れがある．これを改善するためには次のような方法がある．

（1） まず検討すべきはパラメータ数 r の小さいコンパクトなモデルを選ぶことである．汎化誤差の小さい良いモデルを選ぶことをモデル選択という．入力ベクトル x の次元 p が大きいときは，x の成分 $x^1, \cdots, x^p$ から適切な変数の組み合わせを選ぶ変数選択が行われる．

（2） 目的関数 $E(\varphi)$ に関数 $R(\varphi)$ を加えて $E(\varphi) + R(\varphi)$ の最適化を行う．関数 $R(\varphi)$ は正則化項とよばれる．重回帰分析の線形モデルでは $R(\varphi) \propto \sum_{i=1}^{r} \varphi_i^2$ とするもの (リッジ回帰) や $R(\varphi) \propto \sum_{i=1}^{r} |\varphi_i|$ とするもの (L_1 正則化, Lasso) がよく使われている．とくに L_1 正則化はパラメータ推定値が非ゼロとなる個数が少ない傾向があり，スパース推定ともいわれる．L_1 正則化は 2019 年に世界で初めて電波望遠鏡のデータからブラックホール画像を推定するためにも使われている．

（3） ニューラルネットワークの学習においては過学習を防ぐさまざまな工夫がされている．深層学習の発展に伴い，現在も盛んに研究されている．Early stopping という手法では学習を早めに打ち切る．たとえば定期的に (反復の 1 エポックごと等) に検証用データで汎化誤差を調べて増加し始めたら学習を停止する．このほかに Dropout という手法では定期的にパラメータをランダムに選んで無視するだけでよい．

6.11 グラフ埋め込み

変数 $x \in \mathbb{R}^p$ を n 個観測したもの $x_1, \cdots, x_n$ がデータベクトルとして与えられているが，重回帰分析と違って変数 y の観測値は無い場合を考える．教師となるべき変数 y がないので，このときのパラメータ推定は「教師なし学習」とよばれる．これに対して重回帰分析は「教師あり学習」である．教師なし学習としては主成分分析がよく知られるが，ここではより一般的な「グラフ埋め込み」について説明する．

166 第6章 AI・データサイエンス

　グラフ埋め込みでは，2つのデータベクトル x_i, x_j の関連の強さを表す値 $w_{ij} \in \mathbb{R}$ もデータとして与えられている．ここでは $w_{ij} = w_{ji} \geqq 0$ としておく．たとえば，変数 x を個別に観測するのではなく，変数のペア (x, x') を観測する場合，$x = x_i$, $x' = x_j$ となった回数を w_{ij} とする．つまりペアで同時に観測される頻度が高いほど，関連が強いと考える．このようなデータは n 個の頂点をもつグラフとみなすことができて，頂点 i $(i = 1, \cdots, n)$ にはデータベクトル x_i，頂点 i と j の間の枝には重み w_{ij} が与えられている．グラフ埋め込みでは，すべての頂点 $i = 1, \cdots, n$ でデータベクトル $x_i \in \mathbb{R}^p$ を非線形変換して特徴ベクトル $y_i \in \mathbb{R}^K$ を計算する．このとき，枝の重みを反映させるようにしたい．データベクトルの次元より特徴ベクトルの次元を小さくする $(K \leqq p)$，すなわち次元削減することが多い．非線形変換には K 次元の出力層をもつニューラルネットワーク

$$f(x, \varphi) = (f_1(x, \varphi), \cdots, f_K(x, \varphi)) \in \mathbb{R}^K$$

を用いて，$y_i = f(x_i, \varphi) \in \mathbb{R}^K$ とする．ここでは多層パーセプトロンの最終層の素子数 p_L を K 個にしたものを用いる．画像や単語など多種多様なデータベクトルであっても，各頂点の入力の種類ごとに変換 f を用意することによって同時に次元削減を行うことができる (Okuno et al. 2018 [8])．特徴ベクトル y_i が得られれば，それを入力とする別の機械学習手法を用いて分類を行ったり，類似の特徴ベクトルを検索するタスクに利用できる．

　単語埋め込みなどデータベクトル x_i が与えられない場合は，非線形変換 $f(x, \varphi)$ を用いずに直接 $y_i \in \mathbb{R}^K$, $i = 1, \cdots, n$ をパラメータとする．つまり $\varphi = (y_1, \cdots, y_n)$ は $K \times n$ 行列となる．このような場合でも，データベクトルを one-hot ベクトル ($p = n$ として，x_i は i 番目の要素だけ 1，その他はゼロとする) とおいて，形式的に $y_i = f(x_i, \varphi)$ と考えても良い．

　グラフを K 次元ユークリッド空間に埋め込むとき，特徴ベクトル y_i がグラフの構造をなるべく保存するように，非線形変換のパラメータ φ を定めたい．もし埋め込まれた (y_i, y_j) から w_{ij} が予測できれば，グラフの構造が K 次元ユークリッド空間に埋め込まれたと考えられる．グラフ埋め込みは教師なし学習であったが，w_{ij} を教師とする教師あり学習と解釈しなおして φ を学習する．ここでは予測式を $w_{ij} \approx \exp(\langle y_i, y_j \rangle)$ として，データベクトルのペア (x_i, x_j) から枝の重み w_{ij} を予測する．エネルギーに相当する

関数を

$$E(\boldsymbol{\varphi}) = -\sum_{i=1}^{n}\sum_{j=1}^{n} w_{ij}\langle \boldsymbol{y}_i, \boldsymbol{y}_j \rangle + \sum_{i=1}^{n}\sum_{j=1}^{n} \exp(\langle \boldsymbol{y}_i, \boldsymbol{y}_j \rangle)$$

とおくと，w_{ij} が期待値 $\exp(\langle \boldsymbol{y}_i, \boldsymbol{y}_j \rangle)$ のポアソン分布にしたがうと仮定して，このデータを観測する確率は $L(\boldsymbol{\varphi}) = $ 定数 $\times e^{-E(\boldsymbol{\varphi})}$ と表される．この確率を最大にするようにパラメータ $\boldsymbol{\varphi}$ を学習する方法 (最尤法) を行う．最小化する目的関数 $E(\boldsymbol{\varphi})$ がペア (i, j) に関する和になっていることから，ランダムにペア (i, j) の集合 B を取り出してミニバッチ確率的勾配降下法 (6.6 節) によって効率的にパラメータ推定値 $\hat{\boldsymbol{\varphi}}$ が計算できる．

6.12 内積類似度の表現力

埋め込みがどれだけ柔軟にグラフ構造を表現できるかは，2 つのベクトル $\boldsymbol{x}, \boldsymbol{x}' \in \mathbb{R}^p$ に対して，内積類似度モデル

$$h(\boldsymbol{x}, \boldsymbol{x}'; \boldsymbol{\varphi}) = \langle \boldsymbol{f}(\boldsymbol{x}, \boldsymbol{\varphi}), \boldsymbol{f}(\boldsymbol{x}', \boldsymbol{\varphi}) \rangle \tag{6.17}$$

が高い表現力をもっているかどうかに依存する．パラメータ $\boldsymbol{\varphi}$ を調節することによって実現できる関数の種類が多いモデルは表現力が高い．6.7 節で説明した普遍性定理より，ニューラルネットワーク $\boldsymbol{y} = \boldsymbol{f}(\boldsymbol{x}, \boldsymbol{\varphi}) \in \mathbb{R}^K$ は任意の連続関数 $\boldsymbol{f}(\boldsymbol{x}) \in \mathbb{R}^K$ を近似できる．したがって内積 $\langle \boldsymbol{f}(\boldsymbol{x}), \boldsymbol{f}(\boldsymbol{x}') \rangle$ の形の類似度関数ならば (6.17) の $h(\boldsymbol{x}, \boldsymbol{x}'; \boldsymbol{\varphi})$ によって近似できる．はたしてこれで十分だろうか？

簡単に確認できることだが，内積類似度 (6.17) は常に正定値カーネルとなる．一般に対称関数 $h^*(\boldsymbol{x}, \boldsymbol{x}') = h^*(\boldsymbol{x}', \boldsymbol{x})$ が正定値カーネルとは，任意の $\boldsymbol{x}_i \in \mathbb{R}^p$, $c_i \in \mathbb{R}$, $i = 1, \cdots, n$ に対して

$$\sum_{i=1}^{n}\sum_{j=1}^{n} h^*(\boldsymbol{x}_i, \boldsymbol{x}_j)c_i c_j \geqq 0 \tag{6.18}$$

を満たすことをいう．$h^*(\boldsymbol{x}, \boldsymbol{x}') = \langle \boldsymbol{f}(\boldsymbol{x}), \boldsymbol{f}(\boldsymbol{x}') \rangle$ を代入すると

$$\sum_{i=1}^{n}\sum_{j=1}^{n} \langle \boldsymbol{f}(\boldsymbol{x}_i), \boldsymbol{f}(\boldsymbol{x}_j) \rangle c_i c_j = \left\langle \sum_{i=1}^{n} \boldsymbol{f}(\boldsymbol{x}_i)c_i, \sum_{j=1}^{n} \boldsymbol{f}(\boldsymbol{x}_j)c_j \right\rangle$$

$$= \left\| \sum_{i=1}^{n} \boldsymbol{f}(\boldsymbol{x}_i)c_i \right\|^2 \geqq 0$$

となるから，内積類似度は正定値カーネルであることが確認できた．特徴ベ

クトルを $\boldsymbol{y}^* = \boldsymbol{f}^*(\boldsymbol{x}) \in \mathbb{R}^{K^*}$, 類似度関数を

$$h^*(\boldsymbol{x}, \boldsymbol{x}') = g^*(\boldsymbol{f}^*(\boldsymbol{x}), \boldsymbol{f}^*(\boldsymbol{x}')) \tag{6.19}$$

とおくと，特徴ベクトルの内積 $g^*(\boldsymbol{y}, \boldsymbol{y}') = \langle \boldsymbol{y}, \boldsymbol{y}' \rangle$ は正定値カーネルになるが，この他にコサイン類似度 $g^*(\boldsymbol{y}, \boldsymbol{y}') = \langle \boldsymbol{y}/\|\boldsymbol{y}\|, \boldsymbol{y}'/\|\boldsymbol{y}'\| \rangle$ やガウスカーネル $g^*(\boldsymbol{y}, \boldsymbol{y}') = \exp(-\|\boldsymbol{y} - \boldsymbol{y}'\|^2)$ などが正定値カーネルになる．

　このようにさまざまな類似度が正定値カーネルになるが，これらのすべてが内積類似度 (6.17) によって表現できる (Okuno et al. 2018 [8])．機械学習のカーネル法の理論に登場するマーサーの定理によれば，任意の連続な正定値カーネル $h^*(\boldsymbol{x}, \boldsymbol{x}')$ は，次元 K を十分に大きくすることによって $\langle \boldsymbol{f}(\boldsymbol{x}), \boldsymbol{f}(\boldsymbol{x}') \rangle$ の形に表現できることがわかっている．これにニューラルネットワークの普遍性定理を適用すると $\boldsymbol{f}(\boldsymbol{x}) \approx \boldsymbol{f}(\boldsymbol{x}, \boldsymbol{\varphi})$ と近似できるから，内積類似度によって $h^*(\boldsymbol{x}, \boldsymbol{x}') \approx h(\boldsymbol{x}, \boldsymbol{x}'; \boldsymbol{\varphi})$ と近似できる．つまりユークリッド空間の内積とニューラルネットワークをつかった内積類似度 (6.17) は正定値カーネルという類似度関数のクラスに相当する．

6.13　ユークリッド空間の限界を超える

　内積の代わりにユークリッド空間の距離の 2 乗 (を -1 倍したもの) を類似度関数としてみる．$g^*(\boldsymbol{y}, \boldsymbol{y}') = -\|\boldsymbol{y} - \boldsymbol{y}'\|^2$ を (6.19) に代入すると

$$h^*(\boldsymbol{x}, \boldsymbol{x}') = -\|\boldsymbol{f}^*(\boldsymbol{x}) - \boldsymbol{f}^*(\boldsymbol{x}')\|^2 \tag{6.20}$$

となる．このごく簡単な類似度関数は正定値カーネルにならず，したがって内積類似度モデル (6.17) では表現できない．

　実は (6.20) は「条件付き正定値カーネル」の一例である．一般に条件付き正定値カーネルとは，条件 $\sum_{i=1}^{n} c_i = 0$ のもとで (6.18) を満たす対称関数であり，すべての正定値カーネルを含む．これを表現できるように (6.17) を修正したものが「シフト内積類似度」

$$h(\boldsymbol{x}, \boldsymbol{x}'; \boldsymbol{\varphi}) = \langle \boldsymbol{f}(\boldsymbol{x}, \boldsymbol{\varphi}), \boldsymbol{f}(\boldsymbol{x}', \boldsymbol{\varphi}) \rangle + r(\boldsymbol{x}, \boldsymbol{\varphi}) + r(\boldsymbol{x}', \boldsymbol{\varphi}) \tag{6.21}$$

である．ここで $r(\boldsymbol{x}, \boldsymbol{\varphi}) \in \mathbb{R}$ はニューラルネットワークによる非線形変換を表し，パラメータは $\boldsymbol{f}(\boldsymbol{x}, \boldsymbol{\varphi})$ とまとめて $\boldsymbol{\varphi}$ とした．シフト内積類似度が条件付き正定値カーネルであることは (6.21) を (6.18) に代入すればすぐ

に確かめられる. この逆に, 任意の条件付き正定値カーネルはシフト内積類似度によって近似できる (Okuno et al. 2018 [9]). たとえば (6.20) は $h^*(\boldsymbol{x}, \boldsymbol{x}') = 2\langle \boldsymbol{f}^*(\boldsymbol{x}), \boldsymbol{f}^*(\boldsymbol{x}')\rangle - \|\boldsymbol{f}^*(\boldsymbol{x})\|^2 - \|\boldsymbol{f}^*(\boldsymbol{x}')\|^2$ と展開できるので, $\boldsymbol{f}(\boldsymbol{x}, \boldsymbol{\varphi}) = \sqrt{2}\boldsymbol{f}^*(\boldsymbol{x})$, $r(\boldsymbol{x}, \boldsymbol{\varphi}) = -\|\boldsymbol{f}^*(\boldsymbol{x})\|^2$ とすれば (6.21) のモデルで表現できる.

近年機械学習分野で注目されている「ポアンカレ埋め込み」では, 半径 1 の球内 $\mathcal{B}^{K^*} = \{\boldsymbol{y} \mid \boldsymbol{y} \in \mathbb{R}^{K^*}, \|\boldsymbol{y}\| < 1\}$ の 2 点 $\boldsymbol{y}, \boldsymbol{y}' \in \mathcal{B}^{K^*}$ の距離を

$$d(\boldsymbol{y}, \boldsymbol{y}') = \cosh^{-1}\left(1 + 2\frac{\|\boldsymbol{y} - \boldsymbol{y}'\|^2}{(1 - \|\boldsymbol{y}\|^2)(1 - \|\boldsymbol{y}'\|^2)}\right) \tag{6.22}$$

と定義する (Nickel and Kiela 2017 [7]). これは双曲空間とよばれる負の曲率をもつ空間の距離になっていて, 原点から離れるほど表面積が指数的に増えて木構造のグラフが効率的に埋め込めるため, 階層構造をもつデータの埋め込みに適している. 原点から始めて距離が a ごとに 2 分岐する木では, 原点からの距離 r の球面上に $2^{r/a}$ 個の頂点があり, 埋め込みに必要となる表面積は r について指数的に増える. ところが K 次元ユークリッド空間の表面積は r^{K-1} に比例して多項式的にしか増えず, 木構造の埋め込みが苦手である. このためユークリッド空間の内積類似度 $\langle \boldsymbol{y}, \boldsymbol{y}'\rangle$ を双曲空間の $-d(\boldsymbol{y}, \boldsymbol{y}')$ で置き換えると性能が向上する場合がある.

ポアンカレ埋め込みの類似度 $h^*(\boldsymbol{x}, \boldsymbol{x}') = -d(\boldsymbol{f}^*(\boldsymbol{x}), \boldsymbol{f}^*(\boldsymbol{x}'))$ は, 実は条件付き正定値カーネルである (証明はすこし難しい). したがってシフト内積類似度 (6.21) によって近似できる. このように内積類似度をほんの少し修正してシフト内積類似度にするだけで表現力が増して, ポアンカレ埋め込みを含むより一般の類似度が近似できるようになることは驚きである. 実はもっとシンプルな重み付き内積 $\langle \boldsymbol{y}, \boldsymbol{y}'\rangle_{\boldsymbol{\lambda}} = \sum_{k=1}^{K} \lambda_k y_k y_k'$ の重みのパラメータ $\boldsymbol{\lambda} \in \mathbb{R}^K$ をデータから学習するというアイデアによって, さらに表現力の高い類似度が実現できる. つまり「重み付き内積類似度」を

$$h(\boldsymbol{x}, \boldsymbol{x}'; (\boldsymbol{\varphi}, \boldsymbol{\lambda})) = \langle \boldsymbol{f}(\boldsymbol{x}, \boldsymbol{\varphi}), \boldsymbol{f}(\boldsymbol{x}', \boldsymbol{\varphi})\rangle_{\boldsymbol{\lambda}} \tag{6.23}$$

と定義する. 重み付き内積類似度のモデルでは, ニューラルネットワークのパラメータ $\boldsymbol{\varphi}$ と内積のパラメータ $\boldsymbol{\lambda}$ を同時に学習する. もしすべての重みが正 $(\lambda_k > 0)$ ならば従来の内積類似度と表現力は変わらないが, ここでは

負の重み $(\lambda_k < 0)$ を許していて，擬ユークリッド空間への埋め込みになる．例えば $K = 4$ で $\lambda_1 = \lambda_2 = \lambda_3 = 1$, $\lambda_4 = -1$ としたものはミンコフスキー内積とよばれ，物理学では相対論的時空の内積として登場する．この重み付き内積類似度の表現力が高いことは数学的証明および数値実験でしめされている (Kim et al. 2019 [5])．すぐにわかるように $\lambda_1 = \cdots = \lambda_K = 1$ とすれば，(6.23) は通常の内積類似度 (6.17) を表現できる．それだけでなく (6.23) はシフト内積類似度 (6.21) を含む一般的な類似度を近似できる．したがって，重み付き内積を用いれば，どの類似度が良いかについて悩むことなく，重みパラメータ $\boldsymbol{\lambda}$ を学習するだけで多様な類似度を近似できる．このように類似度モデルの検討はグラフ埋め込みにおいて活発に研究がされつつあり，今後の発展が期待される．

参考文献

[1] Andrew R. Barron, Universal approximation bounds for superpositions of a sigmoidal function, *IEEE Transactions on Information theory*, vol. 39, no. 3, pp. 930–945, 1993.

[2] George Cybenko, Approximation by superpositions of a sigmoidal function, *Mathematics of control, signals and systems*, vol. 2, no. 4, pp. 303–314, 1989.

[3] Kazuki Fukui, Akifumi Okuno, and Hidetoshi Shimodaira, Image and tag retrieval by leveraging image-group links with multi-domain graph embedding, in: 2016 *IEEE International Conference on Image Processing*, pp. 221–225. IEEE, 2016.

[4] Ken-Ichi Funahashi, On the approximate realization of continuous mappings by neural networks, *Neural networks*, vol. 2, no. 3, pp. 183–192, 1989.

[5] Geewook Kim, Akifumi Okuno, and Hidetoshi Shimodaira, Representation learning with weighted inner product for universal approximation of general similarities, In: *Proceedings of the Twenty–Eighth International Joint Conference on Artificial Intelligence (IJCAI)*, pp. 5031–5038, 2019.

[6] Tomas Mikolov, Ilya Sutskever, Kai Chen, Greg S. Corrado, and Jeff Dean, Distributed representations of words and phrases and their compositionality, in: *Advances in Neural Information Processing Systems* 26, pp. 3111–3119, 2013.

6.13 ユークリッド空間の限界を超える　171

[7] Maximillian Nickel and Douwe Kiela, Poincaré embeddings for learning hierarchical representations, in: *Advances in Neural Information Processing Systems*, pp. 6338–6347, 2017.

[8] Akifumi Okuno, Tetsuya Hada, and Hidetoshi Shimodaira, A probabilistic framework for multi-view feature learning with many-to-many associations via neural networks, 35*th International Conference on Machine Learning (ICML)*, PMLR 80, pp. 3888–3897, 2018.

[9] Akifumi Okuno, Geewook Kim, and Hidetoshi Shimodaira, Graph embedding with shifted inner product similarity and its improved approximation capability, 22*nd International Conference on Artificial Intelligence and Statistics (AISTATS)*, PMLR 89, pp. 644–653, 2019.

[10] Jeffrey Pennington, Richard Socher, and Christopher Manning, Glove: Global vectors for word representation, in: *Proceedings of the 2014 conference on empirical methods in natural language processing (EMNLP)*, pp. 1532–1543, 2014.

第7章

ベイジアン・ネットワークとその応用

竹安数博
元・大阪府立大学経済学部

7.1 ベイジアン・ネットワーク

◎——**7.1.1 ベイジアン・ネットワークの位置づけ**

本章では，ベイジアン・ネットワークについて詳しく述べることにするが，まずその位置づけから見てゆくことにする．

数理工学の分野では，他の章にあるように，最適化や制御等各種分野が存在する．このベイジアン・ネットワークは，大きくはデータサイエンスのジャンルに分類されよう．データサイエンス分野の発展は，計算機の発展と大きく関係するが，関係する手法等の発展も大きく寄与している．データサイエンス分野はデータ分析に関する学問分野のことであるが，近年特にビッグデータと呼ばれる大量のデータから何らかの意味のあるものを見出すべく，さまざまなアプローチ，分析手法を用いて分析するのが主流となっている．統計学，数学，計算機科学，AI，データマイニングなどが関連する．統計学の中でもベイズ統計学が関連性が深い．

ベイズ統計学そのものは 18 世紀に発表された論文を嚆矢とする古いものであるが，急速に拡大・普及し始めたのは 21 世紀に入ってからであると言ってもよい．計算機の高性能化やマルコフ連鎖モンテカルロ法のようなアルゴリズムの開発とともに，急速に各種応用がなされていっている．

ベイズ統計学の基本であるベイズの定理やベイズ推定は，7.1.3 で詳しく述べるが，これにより，結果が得られたときにその原因となるものの確率が推定できるというものである．

ベイジアン・ネットワークは，このベイズの定理を基本にしている．7.1.4 で詳しく述べるが，確率変数間の定性的な依存関係をグラフ構造として表示

し，確率変数間の因果関係は条件付確率表として記述する．これは感度分析することにより極めて実用的な分析が可能となり，マーケティング分野等でもよく活用されるようになってきている．この感度分析手法については，7.1.4 (4) で詳述する．

さきほど，データサイエンス分野の中での位置づけを説明したが，ベイジアン・ネットワークは，このように経営学・経済学・社会学等にも広く関連することから，経営数理の一分野としても見ることができる．

ベイジアン・ネットワークとはどんなものか，まず7.1.2で示し，次いで7.1.3以降でその原理や仕組みを説明する．

◎──**7.1.2　ベイジアン・ネットワークの"威力"**

ベイジアン・ネットワークでどんな分析ができるのであろうか．ここでは，"髙橋敦，中野雅之，小上馬正智，青木真吾，辻洋，井上修紀：ベイジアンネットワークによる因果構造を考慮したユーザの要求度調査，第52回システム制御情報学会研究発表講演会，6U4(京都，2008年5月16–18日)"の文献 [1] を用いて紹介する．

この文献では，家電製品の開発において，事前にアンケートを用いてユーザーの要求度調査を行い，分析したものである．性別，職業，年代，地域，家族構成，続柄，住居タイプ，ガス・電気などのエネルギー，価値観 (環境を重視する，快適性を重視するなど)，欲しい家電製品などを聞いている．

1000強のサンプルデータを得て分析した．構築したモデルと因果関係の流れを図7.1に，また，各パラメータの事前確率と事後確率を表7.1に示している．ここで事前確率とは，アンケート調査結果をもとに確率を計算したものである．例えば，男性と女性が同数であった場合，その確率は0.5ずつとなる．事後確率はあるパラメータにエビデンス1.0を設定し，確率伝搬法で計算していった結果である．なおこれらの詳細は，次節以降に詳しく述べる．分析結果によれば，例えば，次のような知見が得られている．

> 「この製品を欲しているのは20歳未満の子供がいる家庭で事務職・技術職についている30代の人が多い」

詳細は省略するが，かなり，潜在顧客対象に肉薄した結果が得られているの

174　第7章　ベイジアン・ネットワークとその応用

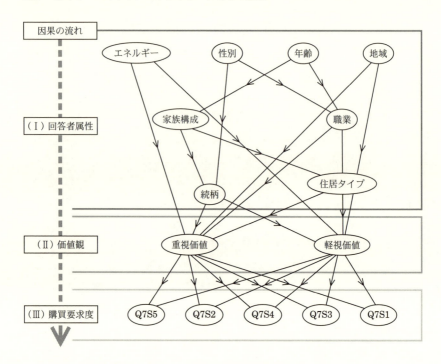

図 **7.1**　構築したモデルと因果関係の流れ (出典：[1])

表 **7.1**　各パラメータの事前確率と事後確率 (※エビデンス設定している箇所にハッチング．出典：[1])

ノード名	パラメータ	事前確率	事後確率 (a)	事後確率 (b)	事後確率 (c)
性別	男性	0.5000	0.4996	0.5007	0.5043
	女性	0.5000	0.5004	0.4993	0.4957
職業	事務職・技術職	0.2373	0.2386	0.2481	0.3033
年代	20代	0.2000	0.1999	0.1995	0.1905
	30代	0.2000	0.2002	0.2014	0.2218
地域	関東地方	0.6128	0.6142	0.6213	0.5361
家族構成	夫婦と未婚子 (20歳未満)	0.2308	0.2312	0.2331	0.2641
続柄	世帯主	0.4885	0.4885	0.4938	0.5126
住居タイプ	都心・一戸建て	0.0946	0.0940	0.0913	0.0861
	郊外・一戸建て	0.3498	0.3513	0.3556	0.3744
エネルギー	ガス・電気併用	0.8889	0.8897	0.8962	0.8980
重視価値	環境	0.1445	0.1311	0.1320	0.1436
	家事	0.1434	0.1551	0.1740	0.1414
軽視価値	快適	0.1444	0.1537	0.1500	0.1439
	健康	0.1217	0.0940	0.1160	0.1249
Q7S1	欲しい	0.5292	1.000	0.5357	0.5294

7.1 ベイジアン・ネットワーク　175

に驚く．従来のマーケティング手法では，かくまで肉薄した結果は得られな
かったのである．これらの分析結果を有効に活用すると，効果的・効率的な
マーケティング活動を行うことができる．

◎──**7.1.3　ベイズの定理**

　ベイジアン・ネットワークの説明に入る前に，基礎となるベイズの定理を
確認しておこう [2]．まず，用語の簡単な説明をしておく．サイコロを 1 回
振ったとき，出る目は，$1, 2, 3, 4, 5, 6$ のいずれかである．このとき，起こり
うる全ての結果の集合を標本空間 (または全事象) と呼び，次のように表す．

$$\Omega = \{1, 2, 3, 4, 5, 6\}$$

標本空間の部分集合を事象と呼ぶ．可測事象とは，可測集合の事象であり，
次の性質を満たすもののことである．可算加法的測度 μ とは $[0, \infty]$ に値を
持つ関数で，$E_i, E_j \ (i \neq j)$ が共通部分を持たない場合，

$$\mu(\mathbf{0}) = 0, \qquad (\mathbf{0} \text{ は空集合})$$
$$\mu \left(\bigcup_i E_i \right) = \sum_i \mu(E_i)$$

である．前者は空集合の測度は 0，後者は完全可法性 (可算加法性) を表すも
のであり，可測集合を構成する．これらは，測度論で詳しく把握してゆくもの
であり，本稿では詳しく立ち入らない．参考文献 [3], [4] などを参照されたい．

　標本空間を Ω とし，Ω の任意の可測事象を E とする．事象列を $E_i \ (i = 1, \cdots, N)$ とし，

$$E_i \cap E_j = \mathbf{0} \tag{7.1}$$
$$E = \bigcup_{i=1}^{N} E_i \tag{7.2}$$

とする．

　この場合，

$$P \left(\bigcup_{i=1}^{N} E_i \right) = \sum_{i=1}^{N} P(E_i) \tag{7.3}$$

となる．

　条件付確率は次のように表わされる．

176 第7章 ベイジアン・ネットワークとその応用

$$P(A|B) = \frac{P(A \cap B)}{P(B)} \tag{7.4}$$

これは事象 B が起きたときに，事象 A が起こる確率である．

任意の事象 F が与えられたとき，$A = E_i$, $B = F$ とおき，(7.4) 式に代入すると，

$$P(E_i|F) = \frac{P(E_i \cap F)}{P(F)} = \frac{P(E_i) \cdot P(F|E_i)}{\sum_{j=1}^{N} P(E_j) \cdot P(F|E_j)} \tag{7.5}$$

となる．ここで，

$$P(E_i \cap F) = P(F \cap E_i) = P(F|E_i) \cdot P(E_i)$$

また，

$$P(F) = \sum_{j=1}^{N} P(F|E_i) \cdot P(E_i)$$

なる関係を用いている．

(7.5) がベイズの定理と言われるものである．これを書き直せば，

$$P(E_i|F) = \frac{P(E_i) \cdot P(F|E_i)}{P(F)} \tag{7.6}$$

となる．

$\{E_i\}$ を原因，F を結果と位置付けると，興味深い関係式となる．つまり，結果が得られたときにその原因となるものの確率が推定できるというものである．結果 (F) を観測しない前の原因 (E_i) の確率が，結果を観測したことでどのように変化したかが，左辺に示される．つまり，$\dfrac{P(F|E_i)}{P(F)}$ は一種の調整項で，結果 (F) を観測した場合，調整項の分だけ影響を蒙ったと解釈することができる．E_i と F が独立なら $\dfrac{P(F|E_i)}{P(F)} = 1$ であるため，結果は事前の確率に影響を与えないという当然のことが導き出される．

◎──**7.1.4　ベイジアン・ネットワーク**

ベイジアン・ネットワークは図7.1でも示したように，確率変数間の定性的な依存関係をグラフ構造として表示したものである．そして，グラフ構造で定義された確率変数間の因果関係は条件付確率表 (Conditional

Probability Table: CPT) として記述される．ベイジアン・ネットワークはこのようにネットワーク構造を用いて，問題対象を表現する確率モデルであると言える [6],[7]．

ベイジアン・ネットワークを用いたモデルを構築し，それを用いて分析する際には，下記の問題の内容を把握しておく必要がある．なお，ベイジアン・ネットワークは確率モデルの一種で，その上で計算される各変数の確率分布の計算を確率推論と呼ぶ．

① どのようなグラフ構造とすればよいのか
② CPT はどのように決定するのか
③ 確率推論はどのようにするのか
④ どのように分析して活用すればよいか

それでは，以下，個別に見てゆくことにする．

♣(1) グラフ構造　先ほどの図 7.1 で示した各確率変数を 1 つの丸印で囲ったものをノードと呼ぶ．各ノードは有向リンクで結ばれており，例えば，ノード A からノード B へのリンクについて見ると，A が原因，B が結果という因果関係を示す．A を親ノード，B を子ノードと呼ぶ．

マーケティング分野では，消費・選択行動のモデル化がよく取り上げられる．例えば，本村他 [7](p.46) によると，通販利用者のモデルとして，大きく分けると，図 7.2 のようにモデル化されている．

図 **7.2**　通販利用者のモデル化

ヒト属性の中には，年齢，子供の有無，子供第 1 子の年齢，所属，年収制限，等の項目があり，購入状況の中には，アパレル購入，通常利用回数 1 年間，通販利用回数 1 年間，等といった項目群がある．

筆者らが行った分析では，図 7.3 のように，購入者属性 (年齢，性別，年

収，家族構成など)，趣味・性向(スポーツ，音楽，読書，ショッピング等の趣味，アウトドア派かインドア派かなど)，購買(購買商品，価格，購買頻度など)を分類してモデル化するとうまくいくケースが多かった．なお，後ほどの感度分析のところでも述べるが，階層が深くなりすぎると，感度分析を行っても離れた階層部分の CPT の値があまり変化しないなどの問題も発生してくる．そういう意味では，図 7.4 に示したようなモデルは階層が浅くなるというメリットがある．

図 7.3　購入のモデル

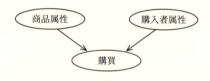

図 7.4　購入のモデル 2

♣(2) 条件付確率表　条件付確率は親ノードと子ノードがとるすべての状態のそれぞれの確率値で示される．条件付確率表を理解するには，CPT 追加学習法を例に説明したほうがわかりやすいかもしれない．図 7.5 のような簡単なモデルを想定する．

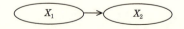

図 7.5　ベイジアン・ネットワークのモデル例

もとのデータのクロス集計表を表 7.2 であるとする．

7.1 ベイジアン・ネットワーク　179

表 **7.2**　クロス集計表 1

X_2＼X_1	1	2
1	14	12
2	12	16

これに対し，次のような追加データが得られたとする (表 7.3).

表 **7.3**　クロス集計表 2

X_2＼X_1	1	2
1	2	3
2	0	1

これはたとえば，$X_1 = 1$ が観測されたとき，$X_2 = 1$ が 2 回観測されていることを示している．これによって，それらを合計した，表 7.4 が得られ，確率値が表 7.5 のように更新される．

表 **7.4**　クロス集計表 3

X_2＼X_1	1	2
1	16	15
2	12	17

表 **7.5**　$P(X_2|X_1)$ の条件付確率表

X_2＼X_1	1	2
1	0.57	0.47
2	0.43	0.53

ところで，強化学習を考える場合，追加データを n 倍することが考えられる．$n = 3$ とした場合，合計した表 7.6 が得られ，条件付確率表は表 7.7 のように変わる．

表 **7.6**　クロス集計表 4

X_2＼X_1	1	2
1	20	21
2	12	19

表 **7.7**　$P(X_2|X_1)$ の条件付確率表

X_2＼X_1	1	2
1	0.625	0.525
2	0.375	0.475

重みの付け方によって，CPT の値が大きく変わるのがわかるであろう．

180 第7章 ベイジアン・ネットワークとその応用

♣(3) 確率推論　一部の変数が観測されたとき，他の変数にどのような変化が起こるかをベイズの定理を用いて計算することができる．観測された変数の値を e (エビデンス) とし，ノードにセットする．そして，知りたい対象の変数の事後確率 $P(X|e)$ を計算する．このように変数間で局所計算を繰り返しながら各変数の確率分布を更新してゆく方法を確率伝搬法 (belief propagation) と呼ぶ ([6], [7])．確率推論 (probability inference) は確率計算から推論してゆくものであり，確率伝搬法は確率推論アルゴリズムの主要な手法の一つとなっている．詳しくは，[6] を参照されたい．

　確率推論アルゴリズムとしては，確率伝搬法の一つの方法として，ジャンクションツリーアルゴリズムや Loopy BP (Loopy belief propagation) などがあり，その他の方法として，サンプリング法などがある．

♣(4) 感度分析　仮説を検証するために，エビデンスを仮に設定し，関連する確率変数の CPT の値の変化を読み取ることは，一種の感度分析となる．感度分析とは，変数やパラメータを変化させたとき，結果がどう変化してゆくかを分析するものである．この感度分析によって，狙いを定めた項目に対して，変化する度合いをより詳しく検知し，何をどうすればよいのかの指標を得ることができる．以下そのやり方の具体例とその"効果"を詳しく見ることにする．従来のマーケティング分析手法では得られなかった驚くような結果が得られるのである．

　ここでは，下記文献 [8]，すなわち，"高橋 敦，ピノ・セバティアン，青木真吾，辻 洋：ユーザの嗜好を組み込んだベイジアンネットワークによる電化製品要求度調査，第 34 回情報システム研究会，IS-08-15(大阪，2008 年 9 月 10,11 日)" をベースに，その動きを追ってみよう．アンケート概要は次のとおりである [8]．

> 「アンケートデータは，(Ⅰ) 回答者属性，(Ⅱ) 価値観，(Ⅲ) 購買要求度，の 3 つの属性から成るもので，2007 年 12 月 1 日から 12 月 7 日にかけてインターネット上で収集されたアンケートデータを使用する．まず，回答者は個人属性 (性別，職業，年齢等) についての回答を行う．次に 6 つある価値観を，計 15 個 ($_6C_2$) 一対比較することで価値観の順位付けを行い最後に，各サービスについての回答が行われ

る．各サービスは4つ以上の将来技術を持つ家電製品を持ち，計49個の家電製品がある．」

構築したモデルを図7.6に示す．回答者属性の層内では生起順による因果関係が事前に考えられないので，K2アルゴリズムという近似解を求めるアルゴリズムで自動構築している．

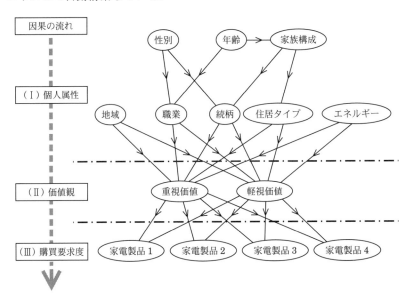

図 **7.6** 構築したモデルと因果関係の流れ (出典：[8])

そのパラメータ一覧を表7.8 (次ページ) に示す．

購買要求度の層にあるノードを一つ選んで，パラメータ"欲しい"にエビデンスを設定している．表7.9 (183ページ) には家電製品1にエビデンスを設定した結果を示している．

文献 [8] では，確率値が上昇したものだけに着目し，サービス単位でまとめている．6つあるサービスイメージの結果の一例として「電子栄養士による健康管理サービスイメージ」を表7.10 (184ページ) に示す．

得られた知見として，文献 [8] では下記のことを挙げている．

「事前確率と事後確率の差が大きかったものについて考察していく

表 7.8 ベイジアン・ネットワークのモデルとパラメータ一覧 (出典：[8])

ノード名	パラメータ			
	1	2	3	4
性別	男性	女性		
年齢	20 代	30 代	40 代	
家族構成	一人暮らし	夫婦・子供なし	夫婦・子供は別世帯	夫婦・未婚子(20 歳未満)
職業	農林漁業販売職・学生	自営業無職	技能職作業職	事務職技術職
地域	関東地方	中部地方	近畿地方	
続柄	世帯主	配偶者	子	その他の続柄
住居タイプ	都心一戸建て	郊外一戸建て	田舎一戸建て	都心集合住宅
エネルギー	ガス電気併用自家発電	ガス電気併用	オール電化自家発電	オール電化
重視価値・軽視価値	快適	安全	健康	環境
家電製品 1～家電製品 5	欲しい	欲しくない		

ノード名	パラメータ			
	5	6	7	8
性別				
年齢				
家族構成	夫婦・未婚子(20 歳以上)	夫婦・既婚子供	三世帯以上	その他
職業	経営者管理職	専門職自由職	主婦	
地域				
続柄				
住居タイプ	郊外集合住宅	田舎集合住宅		
エネルギー	その他			
重視価値・軽視価値	利便	家事		
家電製品 1～家電製品 5				

と，家電製品 1 は家事を重視している人に好まれるということが分かる (表 7.10 参照)．このことから家事の負担軽減には，自動的に処理される製品が好まれるということが考えられる．また，家事を重視している人がどのような人なのかを考えると，田舎の一戸建てに住んでいる 60 歳以上で主婦に多いということが分かる.」

このように，エビデンスを設定し分析すると有用な結果が得られることがわかる.

表 7.9 家電製品 1 の事前確率と事後確率 (※エビデンスになっているパラメータにハッチング. 出典：[8])

ノード名	パラメータ	事前確率	事後確率		
			(a)	(b)	(c)
性別	男性	0.5000	0.4987	0.4953	0.2675
	女性	0.5000	0.5013	0.5047	0.7325
年齢	20 代	0.2000	0.1999	0.1998	0.1562
	60 歳以上	0.2000	0.2003	0.2020	0.2485
家族構成	一人暮らし	0.1579	0.1575	0.1560	0.1006
	夫婦・子供と別世帯	0.0907	0.0907	0.0911	0.1267
職業	事務職・技術職	0.2373	0.2359	0.2260	0.1200
	主婦	0.2427	0.2443	0.2494	0.3720
地域	関東地方	0.6128	0.6117	0.6025	0.3110
	中部地方	0.1317	0.1323	0.1368	0.3130
続柄	世帯主または代表者 (本人)	0.4885	0.4868	0.4803	0.2480
	世帯主の配偶者	0.3242	0.3254	0.3282	0.4060
住居タイプ	郊外・一戸建て	0.3498	0.3495	0.3460	0.1780
	田舎・一戸建て	0.0778	0.0782	0.0812	0.3270
エネルギー	ガス・電気併用 (自家発電なし)	0.8889	0.8881	0.8814	0.4510
	オール電化 (自家発電なし)	0.0454	0.0457	0.0482	0.2050
重視価値	快適	0.1576	0.1429	0.0798	0.1616
	家事	0.1434	0.1568	0.2754	0.1606
軽視価値	安全	0.1274	0.1449	0.5050	0.1553
	家事	0.1964	0.1874	0.1000	0.1749
家電製品 1	欲しい	0.5660	1.000	0.6327	0.5701

♣**(5) ベイジアン・ネットワークの特徴**　ベイジアン・ネットワークは下記のような優れた特徴を持っている.

- 似た手法に共分散構造分析があるが, それはデータの正規性が前提とされるため, 分析に制限がある. これに対してベイジアン・ネットワークでは, どのような分布形状でも対応できる.
- 欠損データがあっても扱うことができる
- 専門家の持つノウハウをネットワーク構造に反映させることができる
- 推測される仮説の確信度を, エビデンス設定操作を通して確率伝搬法計算 (belief propagation) により検証することができる
- 項目間の相互依存関係を有用リンクの矢印によって表現できるので, 項目間の相互依存関係を視覚的に理解しやすい

7.2　ベイジアン・ネットワークの応用

　ベイジアン・ネットワークについては, 各方面で応用研究がなされている. 消費者行動分析で, 村上他 [9] はパーソナル・コンピュータの購買行動

184 第 7 章 ベイジアン・ネットワークとその応用

表 7.10 1 つのサービスイメージに対する結果 (※各ノード内で最も変化量が大きかったパラメータにハッチング. 出典：[8])

ノード名	パラメータ	電化製品			
		1	2	3	4
性別	男性				
	女性	○	○	○	○
年齢	20 代				
	30 代		○	○	○
	40 代		○		○
	50 代	○		○	
	60 歳以上	○			
家族構成	一人暮らし				
	夫婦・子供なし	○	○	○	○
	夫婦・子供は別世帯	○		○	○
	夫婦・未婚子 (20 歳未満)	○	○	○	○
	夫婦・未婚子 (20 歳以上)	○		○	○
	夫婦と既婚子供				
	三世代以上	○			○
	それ以外の世帯				
職業	農林漁業・販売・学生	○			○
	自営業・無職	○		○	
	技能職・作業職	○	○	○	○
	事務職・技術職		○	○	○
	経営者・管理職				
	専門職・自由職・その他				
	主婦	○		○	
地域	関東地方		○	○	○
	中部地方	○			○
	近畿地方	○			
続柄	世帯主または代表者 (本人)		○		
	世帯主の配偶者	○	○	○	○
	子	○			
	その他の続柄	○			
住居タイプ	都心・一戸建て	○			
	郊外・一戸建て		○	○	○
	田舎・一戸建て	○			
	都心・集合住宅		○		
	郊外・集合住宅		○	○	○
	田舎・集合住宅	○			
エネルギー	ガス・電気併用 (自家発電あり)	○			
	ガス・電気併用 (自家発電なし)		○	○	○
	オール電化 (自家発電あり)	○			
	オール電化 (自家発電なし)	○			
	その他	○			
重視価値	快適				
	安全			○	○
	健康	○	○	○	
	環境	○		○	
	利便				
	家事	○	○		○
軽視価値	快適				
	安全	○	○	○	○
	健康	○			○
	環境		○		○
	利便	○		○	
	家事				

分析を行っている．商品開発とマーケティング戦略で，バニラカップアイスの設計に応用した研究もある [10]．購買行動と商品陳列法に適用した研究が立岡他によってなされている [11], [12], [13]．また，大規模 WEB 推薦システムのアルゴリズムにも応用研究がなされている [14]．映画コンテンツ推薦方式にも活用されている [15], [16], [17]．

まだ他にも論文はいろいろと出されている．このようにベイジアン・ネットワークはさまざまな分野に応用されているが，マーケティング分野では，まだこれからという印象も強い．共分散構造分析については，手法の応用事例も含めさまざまな本が出版されているが，ベイジアン・ネットワークに関する本はまだまだ少ないということからも，それが窺える．7.1.4 (5) で述べたように，本手法は他手法と比べ優れた特徴を持つものであるだけに，今後一層の応用研究の進展が期待される．

7.3　「数理工学」とベイジアン・ネットワーク

以上，ベイジアン・ネットワークを中心に見てきたが，振り返って「数理工学の世界」の今後の発展形態としてのベイジアン・ネットワークの意義および今後の展開について述べてみよう．

個人的なことがらで恐縮であるが，筆者は数理工学科 12 期生である．入学当初であったか，専門の講義の時であったか忘れたが，当時椹木義一教授が，下記趣旨のことを熱弁されていた．

櫛は歯の部分と，その各歯をつなぐ横の部分がある．工学には，建築や土木や電気等各専門分野があるが，それらは櫛の歯に相当するものである．一方，数理工学はそれらの歯をつなぐ共通基礎部分である．この発展が各専門分野にも寄与する．これを学んだ学生も一分野の専門に偏ることなく，広く応用が利く――こういった趣旨であった．我々は，なるほどとその熱弁に打たれたのであった．なお，これは，数理工学科設立時の趣意書にも同趣旨のことが記されていたと記憶する．横の部分を，ここでは仮に横串と呼ぶことにする．

数理工学の応用分野として，例えば制御分野を例に取れば，鉄鋼における厚板工場や熱延工場における板厚制御などに有効に活用され，品質向上はもとより，歩留まり向上にも寄与している．これは原価低減に直結する．熱延

ロールにおいては圧延時両サイドが波状になる．これは切り取るしかない
が，これをうまく制御すればスクラップに回す分が少なくなる．当時1ミリ
1億円と言われていた．時代は変わっても，その効果の大きさは推して知る
べしであろう．宇宙においては，人工衛星の姿勢制御などにも有効に活用さ
れている．このように当然産業界などには極めて有効に，かつ強力に活用さ
れていたが，昨今はディープラーニングや今までに見てきたベイジアン・
ネットワークのように消費者等に直接かかわる分野にもその応用範囲が広
がってきている．工学分野のみならず経営学・経済学等社会科学分野にも数
理工学の横串機能の範囲が拡大されてきていると言える．

　今後とも，「数理工学の世界」が一層拡大し，社会に貢献することを願っ
てやまない．

参考文献

[1] 高橋敦，中野雅之，小上馬正智，青木真吾，辻洋，井上修紀，「ベイジアン
ネットワークによる因果構造を考慮したユーザの要求度調査」，第52回シ
ステム制御情報学会研究発表講演会，6U4 (京都，2008年5月16–18日)

[2] 鈴木雪夫，国友直人 (編)，『ベイズ統計学とその応用』，東京大学出版会
2000

[3] 原啓介，『測度・確率・ルベーグ積分——応用への最短コース』，講談社，
2017

[4] 吉田伸生，『ルベーグ積分入門——使うための理論と演習』，遊星社，2006

[5] 照井伸彦，『ベイジアンモデリングによるマーケティング分析』，東京電機
大学出版局，2008

[6] 繁桝算男，植野真臣，本村陽一，『ベイジアンネットワーク概説』，培風
館，2006

[7] 本村陽一，岩崎弘利，『ベイジアンネットワーク技術』，東京電機大学出版
局，2006

[8] 高橋敦，ピノ・セバティアン，青木真吾，辻洋，「ユーザの嗜好を組み込
んだベイジアンネットワークによる電化製品要求調査」，第34回情報
システム研究会，IS-08-15 (大阪，2008年9月10,11日)

[9] 村上知子，酢山明弘，折原良平，「ベイジアンネットワークによる消費者行
動分析」，電気情報通信学会『信学技報』(NC2004-70)，pp. 9–14，2004

[10] 芳賀麻誉美，本村陽一，「ベイジアンネットワークの確率推論による商品開発とマーケティング戦略」，人工知能学会研究会資料，SIG-FPAI-A502-11(08/28)，pp. 59–64，2005

[11] 立岡恵介，吉田哲，宗本順三，「購買行動と商品陳列方法のベイジアンネットワーク分析」，『日本建築学会計画系論文集』，vol. 73，no. 633，pp. 2349–2354，2008

[12] 立岡恵介，吉田哲，宗本順三，「店舗内の購買行動のベイジアンネットワーク分析」，『日本建築学会計画系論文集』，vol. 73，no. 634，pp. 2633–2638，2008

[13] 益田英明，立岡恵介，宗本順三，吉田哲，「店舗内での商品の位置と購買行動の関係」，『日本建築学会大会学術講演梗概集』，pp. 1133–1136，2007

[14] 山崎敬広，ソンムァン・ポリポン，石山洸，高田健一郎，植野真臣，「ベイジアンネットワークによる大規模 Web 推薦システムのアルゴリズムの検討」，『日本行動計量学会大会発表論文抄録集』，pp. 39-40，2007

[15] 小野智弘，本村陽一，麻生英樹，芳賀麻誉美，「ベイジアンネットによる映画コンテンツ推薦方式の検討」，『日本行動計量学会第 33 回大会』，pp. 142–143，2005

[16] 小野智弘，本村陽一，麻生英樹，「ベイジアンネットによる映画コンテンツ推薦方式の検討」，電気情報通信学会『信学技報』(NC2004-66)，pp. 55–60，2004

[17] 小野智弘，本村陽一，麻生英樹，「嗜好の個人差と状況依存性を考慮した映画推薦方式の検討」，『情報処理学会研究報告』(2005-DPS-125)，pp. 79–84，2005

執 筆 者 紹 介

　本書に登場する座談会参加者および執筆者のご所属は 2019 年 10 月時点のものです.

【第 1 章】

千葉逸人 (ちば・はやと)

1982 年，福岡県出身. 2009 年京都大学大学院情報学研究科数理工学専攻修了，情報学博士，九州大学などを経て，現在，東北大学材料科学高等研究所教授. 専門は力学系理論.

主な著書に『これならわかる　工学部で学ぶ数学』(プレアデス出版)，『ベクトル解析からの幾何学入門』(現代数学社) など.

【第 2 章】

薩摩順吉 (さつま・じゅんきち)

1946 年，奈良県大和郡山で生まれる. 1973 年京都大学大学院工学研究科博士課程数理工学専攻単位取得退学，工学博士，京都大学，宮崎医科大学，東京大学，青山学院大学を経て，2006 年より東京大学名誉教授，2014 年より武蔵野大学工学部数理工学科教授. 専門は応用数理.

主著は『確率・統計』(岩波書店) など.

【第 3 章】

原田健自 (はらだ・けんじ)

1970 年，大阪市生まれ. 1998 年京都大学大学院工学研究科応用システム科学専攻修了，工学博士，現在・京都大学情報学研究科助教. 専門は計算物理学.

https://www-np.acs.i.kyoto-u.ac.jp/~harada/

【第 4 章】

山下信雄 (やました・のぶお)

プロフィールは 20 ページに掲載.

【第 5 章】

畑中健志 (はたなか・たけし)

1979 年，岡山県出身．2007 年京都大学大学院情報学研究科数理工学専攻修了，博士 (情報学)，東京工業大学を経て，現在・大阪大学工学研究科准教授．専門はシステム制御．

主な著書に『Passivity Based Control and Estimation in Networked Robotics』(共著，Springer) など．

【第 6 章】

下平英寿 (しもだいら・ひでとし)

1967 年，東京都出身．1995 年東京大学大学院工学系研究科計数工学専攻修了，博士 (工学)，日本学術振興会特別研究員，統計数理研究所，東京工業大学，大阪大学を経て，現在・京都大学情報学研究科教授．理化学研究所革新知能統合研究センター (兼任)．専門は統計学・機械学習．

【第 7 章】

竹安数博 (たけやす・かずひろ)

1976 年京都大学大学院工学研究科数理工学専攻修士課程修了．さくら総合研究所部長，大阪府立大学教授，常葉大学教授等を経て，現在・経営情報システム研究所所長，工学博士．専門は System Identification，時系列解析，マーケティング．

主な著書に『CIO 実践要領ノート』(ダイヤモンド社)，『新しい経営情報システム』(中央経済社，共著) など．

すうりこうがく　せかい
数理工学の世界

2019 年 10 月 25 日　第 1 版第 1 刷発行
2025 年 3 月 10 日　第 1 版第 2 刷発行

編　者　　　　　　　　　　　　　なか むら よし まさ
中 村 佳 正
京都大学工学部情報学科数理工学コース編集委員会

発行所　　　　　　　　　　　　株式会社 日本評論社
〒170-8474 東京都豊島区南大塚 3-12-4
電話　（03）3987-8621 ［販売］
（03）3987-8599 ［編集］
印　刷　　　　　　　　　　　　藤原印刷株式会社
製　本　　　　　　　　　　　　井上製本所
図　版　　　　　　　　　　　　溝上千恵
装　幀　　　　　　　　　　　　銀山宏子

JCOPY 〈（社）出版者著作権管理機構 委託出版物〉
本書の無断複写は著作権法上での例外を除き禁じられています．複写される場
合は，そのつど事前に，（社）出版者著作権管理機構（電話 03-5244-5088, FAX
03-5244-5089, e-mail: info@jcopy.or.jp）の許諾を得てください．また，本書を代
行業者等の第三者に依頼してスキャニング等の行為によりデジタル化することは，個人
の家庭内の利用であっても，一切認められておりません．

Copyright © 2019 Applied Mathematics and Physics Course, School of In-
formation and Mathematical Science, Faculty of Engineering, Kyoto Uni-
versity.

Printed in Japan　　　　　　　　　　ISBN 978-4-535-78883-1